轻松上手IT技术日文译丛

Python
深度强化学习

基于Chainer和OpenAI Gym

[日] 牧野 浩二 (Koji Makino)
西崎 博光 (Hiromitsu Nishizaki) ◎著

申富饶 于僆 ◎译

机械工业出版社
China Machine Press

图书在版编目（CIP）数据

Python 深度强化学习：基于 Chainer 和 OpenAI Gym /（日）牧野浩二（Koji Makino），（日）西崎博光（Hiromitsu Nishizaki）著；申富饶，于僡译 . -- 北京：机械工业出版社，2021.10

（轻松上手 IT 技术日文译丛）

ISBN 978-7-111-69258-4

I. ①P… II. ①牧… ②西… ③申… ④于… III. ①软件工具－程序设计 IV. ①TP311.561

中国版本图书馆 CIP 数据核字（2021）第 202064 号

本书版权登记号：图字 01-2020-4427

Original Japanese Language edition

Python NI YORU SHINSOU KYOKA GAKUSHU NYUMON – Chainer TO OpenAI Gym DE
HAJIMERU KYOKA GAKUSHU –

by Koji Makino, Hiromitsu Nishizaki

Copyright © Koji Makino, Hiromitsu Nishizaki 2018

Published by Ohmsha, Ltd.

Chinese translation rights in simplified characters by arrangement with Ohmsha, Ltd.

through Japan UNI Agency, Inc., Tokyo

Python 深度强化学习
基于 Chainer 和 OpenAI Gym

出版发行：机械工业出版社（北京市西城区百万庄大街 22 号　邮政编码：100037）

责任编辑：赵亮宇　李美莹　　　　　　　　责任校对：马荣敏

印　　刷：北京文昌阁彩色印刷有限责任公司　　版　　次：2021 年 11 月第 1 版第 1 次印刷

开　　本：170mm×230mm　1/16　　　　　　印　　张：14.25

书　　号：ISBN 978-7-111-69258-4　　　　　定　　价：79.00 元

客服电话：（010）88361066　88379833　68326294　　投稿热线：（010）88379604

华章网站：www.hzbook.com　　　　　　　　　　读者信箱：hzjsj@hzbook.com

译 者 序

这是一本可以从实践中学习深度强化学习的入门书，适合对强化学习感兴趣的初学者阅读。只要将本书通读一遍并加以实践，就能掌握深度强化学习的基本知识。本书涵盖强化学习、CNN、Python 环境构建以及实际环境下的实验等深度强化学习的内容，着重讲解了初学者容易误解的点并对参数进行了说明。作为一本可以自己尝试上手操作的指南性书籍，本书值得推荐给想强化动手实操、构建执行环境并在实践中学习的读者。

本书使用的操作系统有 Windows、MacOS 和 Ubuntu。另外，在硬件方面，除了 PC 以外，还介绍了在最近流行的 Raspberry Pi、Arduino 环境下使用的情况。

本书包含很多在 OS 和硬件上构建深度强化学习环境的方法、程序示例、执行结果示例、硬件的结构图。此外，书中介绍的示例程序全部都可以从 OHM 公司的网页上下载。

前　言

　　近年来，机器学习受到了人们的广泛关注。在机器学习中，主要通过向学习器提供受训目标（有标签信息）来进行有监督学习，例如，大多数图像识别和语音识别都是通过有监督学习来进行的。

　　另外，还存在一种称为半监督学习的方法，该方法不像有监督学习那样提供有标签信息，这种机器学习方法中典型的便是强化学习。强化学习是机器学习的一种，它根据特定环境（例如游戏的棋盘盘面等）中的当前情况来决定下一步要采取的行动。例如，让计算机学习下围棋时，思考在某种局面下，接下来应该在哪里放置棋子更好。

　　强化学习会对计算机考虑到的行动进行评估，并以奖励的形式进行反馈，评估行动的好坏（例如在围棋比赛中的赢或输），这样一来，计算机将自动采取在特定情况下会增加奖励的行动。深度强化学习将强化学习与深度学习融合在一起，取得了很好的成效。其中让我们记忆犹新的便是由 DeepMind 公司开发的围棋智能体 AlphaGo Zero。 它在不使用任何人类对弈数据的情况下和自己进行对局（计算机对战计算机），仅用一个多月就达到了很高的水平，而且几乎没有弱点。

　　深度学习成为众人瞩目的焦点已经将近 10 年了，但它并非一开始就是一种全新的技术，它是自 1970 年以来研究的人工神经网络发展而来的一种方法。当前的深度学习热潮也被称为第三次人工智能热潮，它与目前为止的人工智能热潮的区别之一是，多家公司已经发布了机器学习框架，非专业人士也可以免费使用它们，因而不论是学生还是在职人员都可以轻松尝试深度学习。此外，机器学习的某些框架不仅支持深度学习，而且还支持结合了强化学习的深度强化学习。因此，当前学习深度学习的门槛远低于此前的几次人工智能热潮。

在本书中，除了详细的理论说明外，还有针对在 Python 上运行的深度强化学习框架 ChainerRL 的讲解，从而引导读者在实际中使用深度强化学习。如果你想通过模拟实验检验深度强化学习的结果，只要有台个人计算机就可以轻松尝试。另外，如果你有一台像 Raspberry Pi 这样的小型计算机，则可以通过连接来控制电路元件和机器人。深度强化学习适用于"情况因操作而异"的问题，因此，它适用于在一方操作之后局面会发生改变的问题，如围棋和将棋等棋局问题。此外，用机械臂自动识别物体，将其进行抓握和移动也是深度强化学习的擅长领域。因此，在本书中，我们会讲解如何通过深度强化学习来进行黑白棋对战，以及如何将其应用于实际的机器人上。

如前所述，由于深度强化学习将强化学习整合到了深度学习中，因此，如果了解了这两种学习方法的原理，就能更好地运用深度强化学习。

本书第 1 章首先介绍进行深度强化学习所需的 PC 端环境构建。第 2 章介绍深度学习。为了理解深度强化学习，有必要了解深度学习的相关知识。由于市面上已经有许多有关深度学习的书籍，因此本书以读者参考了那些书中的详细信息为前提，在第 2 章中讲解理解深度强化学习所需掌握的内容。使用 Chainer 进行过深度学习编程的人可以跳过这一章。接下来，第 3 章我们将讲解强化学习中的一种典型方法 Q 学习，希望读者能在这一章中了解强化学习的基础。在第 4 章中我们将进入深度强化学习的讨论。第 5 章介绍如何使用深度强化学习来控制移动机器人。

这样一来，本书从基础出发，通过从开发环境构建到深度学习、强化学习、深度强化学习的逐步深入，来对控制实际事物的应用进行讲解。因此，深度学习和深度强化学习的初学者和中级学习者（例如，大学生或希望将深度学习和深度强化学习应用于工作的在职人员）可以在逐步学习的同时学习深度强化学习的基础。本书将帮助这类读者加深对强化学习的理解。

此外，本书的附录中包含的信息有助于学习深度强化学习。例如，仅使用 PC 的 CPU 进行深度学习和深度强化学习的计算需要很长时间，因此我们将介绍一种使用图形操作单元（GPU）加速学习过程的方法。对于使用 Intel CPU 的用户，我们还会介绍一种使用由 Intel 发布的 Intel CPU 矩阵计算优化引擎来加速的方法。

在编写本书时，为了尝试让初学者也可以学习深度强化学习，山梨大学本科院医工农学综合教育学部的刘震先生和名取智纮先生在阅读本书的手稿时构造了一个开发环境并检查了程序的运行情况，在此对他们深表谢意。还要感谢协助进行运行检查的山梨大学工程学院的佐野祐太先生、村田义伦先生和依田直树先生。此外，作者所属的山梨大学工学院信息机电工程学系的教职员工以及实验室的本科生和研究生也提供了支持。最后，如果没有 OHM 公司所有人的鼎力相助，本书也难以出版，我们要再次感谢所有向我们提供帮助的人。

使用本书时的注意事项

❑ 本书中涉及的程序可以从 OHM 公司的网站（https://www.ohmsha.co.jp/）以及华章图书官网（http://www.hzbook.com）进行下载。

❑ 本书的程序可以在以下环境中运行。

  ○ Windows 8.1/10

  ○ 搭载了 macOS 10.13 High Sierra 的 MacBook 和 MacBook Pro

  ○ Raspbian OS（版本 2.7.0）/ Raspberry Pi2 Model B 或 Raspberry Pi3 Model B

  ○ 搭载 Ubuntu 16.04 / Intel Core i7 的 PC 或 VirtualBox 上的虚拟环境

  ○ Python 2.7.14 或 Python 3.6.4

    大部分程序在 Python 2 系列和 Python 3 系列中都能运行，但部分程序在 Python 2 中不能运行，关于这类程序我们标注了注意事项。

    另外，在 Python 库的安装中使用 pip 命令，但在 Linux、Mac 和 RasPi 中如果不标明 pip3，则不能作为 Python 3 系列中可用的库进行安装，请注意这一点。如果只有 pip，则有时会作为 Python 2 系列的库被安装。想要明确指定 Python 2 系列的情况下使用 python -m pip 更为可靠。

    除以上环境外均不适用，敬请谅解。

❑ 本书上登载的是本书写作时的信息，实际使用时情况可能会有变化。

特别是作为深度学习框架的 Chainer、ChainerRL 的版本升级间隔很短，Python 的库也在频繁地进行版本升级。本书内容不会随着版本升级而改动，请事先谅解。

❏ 对于因使用本书而造成的直接或间接损失，作者及 OHM 公司难以承担一切责任。如需使用，请由使用者个人负责。

❏ 关于本书提供的程序的再发布以及使用声明如下：

　○ 程序是免费软件。个人和商用都可以自由使用。

　○ 程序可以自由再发布、修改。

　○ 程序不受担保。即使发生由于程序故障等造成的损失，作者及 OHM 公司也无法担保一切责任，请事先谅解。

CONTENTS

目　　录

第 1 章

引　言

1.1　深度强化学习可以做什么

　　深度强化学习[⊖]是一种结合了深度学习[⊜]和强化学习[⊕]两种学习的方法。这两种方法都属于人工智能（AI）中机器学习的方法之一。深度学习能对已知答案的问题（诸如分类（图像识别和自动写作）等问题）进行学习。强化学习仅根据好的状态和坏的状态来自动学习并自动获得合适的行为，用于解决机器人控制和游戏操作等问题。

　　深度强化学习是深度学习和强化学习的结合，能够很好地操作如图 1.1 所示的"吃豆人"和"太空侵略者"等游戏。

　　此外，如扫帚朝上立于掌心的动作（倒立摆）、网球拍面朝上持续颠球等，是深度强化学习所学习的对象（如图 1.2 所示）。

　　图 1.3 是使用深度强化学习来移动实体机器人的示例，其中包含一辆能自动移动以免撞到障碍物的微型汽车，以及能从杂乱堆积的圆柱堆中取出圆柱物的机器人手臂。

　　此外，在将棋和围棋比赛中，因与人类对战而受到广泛关注的 AI 也使用了

　　⊖　将在第 4 章和第 5 章中介绍。
　　⊜　将在第 2 章中介绍。
　　⊕　将在第 3 章中介绍。

深度强化学习。尽管上述这些实际应用通常都作为深度学习的成果来报道，但它们实际上是深度强化学习的成果，深度强化学习是由深度学习发展而来的。

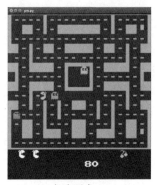 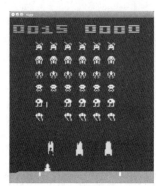

a）吃豆人   b）太空侵略者

图 1.1   游戏示例

a）扫帚的倒立摆   b）网球的颠球

图 1.2   深度强化学习所学习的对象的示例

a）无碰撞汽车   b）杂乱堆积

图 1.3   移动实体机器人的示例（图片来源：Preferred Networks）

图 1.4 给出了从强化学习和深度学习到深度强化学习发展的过程。其中每种技术的详细信息将在第 2 章及以后的章节中介绍。

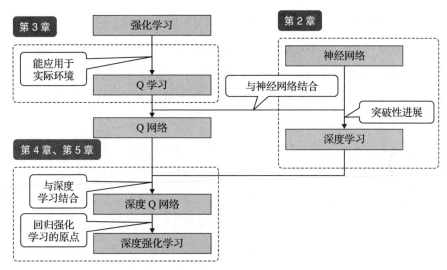

图 1.4　深度强化学习的变迁

最初，神经网络和强化学习是不同的研究方向。之后通过对强化学习的研究，开发出了易于在实际环境中应用的 Q 学习，并将其应用到各种情况中。虽然人们已经研究出将神经网络结合到 Q 学习中的 Q 网络，但由于当时的神经网络还有很多功能无法实现，因此 Q 网络有很大的局限。

随后，由神经网络发展出了深度学习，进一步，结合深度学习和 Q 学习的深度 Q 网络（DQN）出现了。与深度学习一样，DQN 取得了很多成果。

将强化学习及其升级版结合，形成了深度强化学习。如图 1.3 所示的很多任务都取得了突破性进展。

那么为什么深度强化学习更好呢？

一般来说，深度学习的特征在于，如果没有与输入数据对应的答案（有标签数据），就无法进行深度学习。

例如，在使深度学习广为人知的图像识别问题中，我们要用大量有关图像中内容的有标签数据来学习图像。此外，深度学习使自动编写小说、撰写新闻、天气预报等成为可能，但这也需要将单词序列作为目标样本的有标签数据来进行学习。

接下来试着考虑通过深度学习解决图 1.1 中所示的吃豆人问题。

在深度学习中，必须知道吃豆人（专业术语中称为智能体）在所有状态下（敌人的位置、剩余饼干的位置（吃豆人进食点）以及自己的位置）朝哪个方向移动。我们根本无法告知其答案，不只因为状态数过多，还因为无法给出"什么样的行动真的是好的？"的回答。

在强化学习中，仅通过制定撞到敌人时得到负奖励和吃饼干得到正奖励的规则，并自主判断行动结果是否良好来学习，以此选择更好的行动。就吃豆人而言，这个问题很容易设定，可以人为设置这两种类型的奖励。

将这种思考方式与深度学习相结合的深度强化学习可以学习复杂的动作。深度强化学习是适用于无法明确规定问题的答案的学习方法。此外，深度强化学习的优势之一在于，当状态由于智能体的行动而发生变化（吃豆人吃掉饼干、被敌人发现等）时，它可以学会很好地应对各种情况。

如上所述，由于状态根据行动而改变的问题是实体机器人中普遍存在的情况，所以，深度强化学习还具有容易与实体机器人相结合这一特点。

1.2　本书的结构

如图 1.4 所示，深度强化学习在逐步融合新技术的同时得到了发展。所以如果不了解什么是深度学习和强化学习，那么编程就会变得很困难。

因此，本书首先在第 2 章中介绍深度学习，第 3 章介绍强化学习，然后在第 4 章中，对这两种学习进行整合并进入到深度强化学习的介绍。深度强化学习可有效应用于实体机器人和实际环境中。在第 5 章中，我们将创建一些可以实际移动的物体，并使用实际环境进行深度强化学习。

这样一来，即使是初学者也可以掌握深度学习、强化学习以及深度强化学习的机制，并最终朝着可将其应用于实际环境中而努力。

此外，第 3 章之后的所有章节都始终在解决"老鼠操作自动售货机上的按钮来学习获取食物的步骤"的问题。这个问题在本书中被称为"老鼠学习问题"（也称为"斯金纳箱"）。这在强化学习领域中是众所周知的问题，该问题如下：

老鼠学习问题

箱子里只有一只老鼠。

箱子里有一个带有两个按钮的自动售货机，自动售货机上有一个指示灯。每次按下图 1.5 中左侧的按钮（电源按钮），自动售货机的电源便会重复 ON 和 OFF 状态。当自动售货机的电源接通时，指示灯点亮。只有在电源接通时，按下右键（产品按钮）才会出现老鼠喜欢的食物。

那么，老鼠可以学习正确按下按钮的顺序吗？

人类只要稍加思考就能明白原理，令电源为 ON 状态，然后按下产品按钮。尽管这是一个非常简单的问题，但这个问题能很好地帮助理解强化学习。

图 1.5　老鼠学习问题

然后，通过使用深度强化学习解决相同的问题，就可以了解强化学习（见第 3 章）和深度强化学习（见第 4 章）之间的区别。最后，我们将在实体机器上实现此问题，并使用深度强化学习（见第 5 章）来训练它。

通过这样的递进学习，就能够做出可以在实际环境中完成工作的程序。

1.3 框架：Chainer 和 ChainerRL

还有一种从零开始编程实现深度学习和深度强化学习的方法，但这是一项很难的工作。因此，很多机构和公司已经发布了深度学习和深度强化学习的框架。本书将使用一个名为 Chainer 的框架。

Chainer 是由日本公司 Preferred Networks（PFN）发布的深度学习框架，可与 Google（Alphabet）公司的 TensorFlow 以及 Amazon 公司发布的 MXNet 媲美。图 1.3 中的示例就是使用 ChainerRL 实现的，ChainerRL 是 Chainer 的深度强化学习版本。

Chainer 和 ChainerRL 非常易于程序代码的编写，其优点在于，如果了解其原理，即使是初学者也可以轻松使用它。并且虽然其易于掌握，但也可以用来训练实体机器人操作中使用到的强化学习模型。

此外，作者认为 Chainer 在采用新技术和升级方面比其他框架更快。

1.4 Python 的运行检查

| 使用的程序 | hello.py

Chainer 是在 Python 编程语言下提供的框架。在本节中，我们首先安装 Python 并进行运行检查。如果已有 Python 编程环境，请跳至 1.5 节。另外，本书并未涵盖 Python 的详细用法，因此如果是首次使用 Python 或不熟悉 Python 的读者，请自行学习后再继续往下阅读。

根据官方文件，Chainer 应该在 Linux 操作系统（Ubuntu / CentOS）上运行。然而并非所有读者都是 Linux 用户，大多数读者使用 Windows 或 macOS（OS X）。如前言所述，我们已确认本书中的程序可以在 Windows、macOS、Linux（Ubuntu 16.04）和 Raspbian OS 等环境中运行，并且当它们的运行有所差别时，每次都会加以说明。现在有 Python 2 系列和 Python 3 系列，而本书使用 Python 3 系列。虽然我们也检查了 Python 2 系列上的运行，但是仍需要处理

print 语句。

为了简单起见，以下使用 Linux、Mac、Windows 和 RasPi 标记来区分它们。

1. Windows 环境

使用 Windows 的用户需安装 Anaconda（一个用于数据科学的 Python 包），并检查 Python 的运行情况。首先，要访问 Anaconda 网站⊖: https://www. anaconda.com/download/

可以选择 Python 3.6 和 Python 2.7 两个版本。本书选择了 Python 3.6。运行下载的安装程序便可以开始安装，如图 1.6 所示。

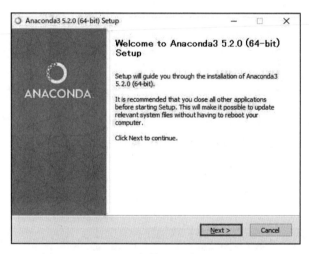

图 1.6　Anaconda 安装界面（Anaconda 5.2）

若没有特殊设置便可以直接进行安装。

现在，让我们检查 Python 的运行情况。本书中，终端⊖上的命令输入显示在 "$" 标记之后。打开终端，并在 "$" 标记⊜后输入以下内容⑳。

⊖　URL 可能会发生变化。
⊖　在 Windows 系统中，这是命令提示符或 PowerShell。
⊜　根据 PC 环境可能会有不同的标记。
⑳　hello.py 应该按照前言所述的方法预先下载并放置在工作目录中。

```
$ cd [工作目录]
$ python hello.py
```

这里假设 hello.py 放置在工作目录中，并且正由 python 命令执行。如果终端显示以下提示，则表示安装成功。

终端输出 1.1   hello.py 的执行结果

```
Hello DQN!
```

hello.py 的内容如代码列表 1.1 所示。在本书中，程序列表如代码列表 1.1 所示，执行结果如终端输出 1.1 所示。

代码列表 1.1   一个简单的程序：hello.py

```
1  # -*- coding: utf-8 -*-
2  print('Hello DQN!')
```

另外，本书中程序的字符代码为 utf-8，换行代码为 LF，因此无法使用 Windows 标准记事本对其进行编辑。编辑程序时，请使用适合代码的编辑器⊖。

2. Linux、Mac、RasPi 环境

使用 Linux、Mac、RasPi 用户请进行以下的安装以运行 Python 3⊖。

```
$ sudo apt install python3-pip
```

与 Windows 一样，假设你的工作目录中有 hello.py，请运行 python 命令。由于此处使用 Python 3，因此输入 python 3 命令。

```
$ python3 hello.py
```

所使用的程序和执行结果分别与代码列表 1.1 和终端输出 1.1 中的相同。

⊖ 本章末尾的"编写程序的编辑器"专栏中有简要介绍。
⊖ 在 Mac 系统中，可能需要安装 JDK 才能执行 apt 命令。

1.5　Chainer 的安装

使用的程序　chainerrl_test.py

本书使用 Chainer 4.0.0 版。由于深度学习领域的飞速发展，旧版本的程序被停用的可能性很小，因此请指定要安装的版本。如此一来，虽然读者使用的版本可能不是最新版本，但在本书的讨论范围内不会出现大问题。如果要使用远超出本书内容范围的最新算法，请安装最新版本。

1. Windows 环境

执行以下命令：

```
$ pip install chainer==4.0.0
```

让我们确认一下安装是否成功。直接在 Web 浏览器的地址中输入以下地址来下载 v4.0.0.tar.gz：

https://github.com/chainer/chainer/archive/v4.0.0.tar.gz

由于无法使用标准的 Windows 解压缩软件打开下载的文件，请安装并使用支持 tar.gz 格式的解压缩软件，例如 Lhaplus [一] 和 7zip [二]。将解压缩的文件移动到如 Documents 文件夹下创建的 DQN 文件夹中。通过执行以下命令来确认安装：

```
$ python Documents/DQN/chainer-4.0.0/examples/mnist/train_mnist.py
```

执行后，输出结果如终端输出 1.2 [三] 所示，这一步需要一些时间。

终端输出 1.2　train_mnist.py 的执行结果（Windows）

```
GPU: -1
# unit: 1000
# Minibatch-size: 100
```

[一]　http://www.7a.biglobe.ne.jp/~schezo/。

[二]　https://sevenzip.osdn.jp/。

[三]　输出结果可能因环境而异。

```
# epoch: 20

epoch        main/loss    validation/main/loss   main/accuracy  validation/main/
accuracy  elapsed_time
1            0.192596     0.113445               0.941867       0.9657
28.454
2            0.0743371    0.0814304              0.976567       0.9731
59.8057
    total [######........................................] 14.17%
this epoch [#########################################........] 83.33%
    1700 iter, 2 epoch / 20 epochs
    21.022 iters/sec. Estimated time to finish: 0:08:09.973772.
```

2. Linux 环境

执行以下命令。

```
$ sudo apt install python3-tk
$ sudo apt install python3-pip
$ sudo pip3 install --upgrade pip
$ sudo pip3 install matplotlib
$ sudo pip3 install chainer==4.0.0
```

通过执行以下命令来确认安装。这里要注意的一点是需要使用 python3 命令。

```
$ sudo wget https://github.com/chainer/chainer/archive/v4.0.0.tar.gz
$ tar xzf v4.0.0.tar.gz
$ python3 chainer-4.0.0/examples/mnist/train_mnist.py
```

执行后，如果输出结果如终端输出 1.3 所示，则表示安装成功。另外，从 Downloading 开始的行仅在第一次操作中显示。

终端输出 1.3   train_mnist.py 的执行结果（Linux、Mac、RasPi）

```
GPU: -1
# unit: 1000
# Minibatch-size: 100
# epoch: 20

Downloading from http://yann.lecun.com/exdb/mnist/train-images-idx3-ubyte.gz...
```

```
Downloading from http://yann.lecun.com/exdb/mnist/train-labels-idx1-ubyte.gz...
Downloading from http://yann.lecun.com/exdb/mnist/t10k-images-idx3-ubyte.gz...
Downloading from http://yann.lecun.com/exdb/mnist/t10k-labels-idx1-ubyte.gz...

epoch      main/loss   validation/main/loss  main/accuracy  validation/main/
accuracy   elapsed_time
1          0.191192    0.103443              0.942417       0.9699
29.3467
2          0.0720657   0.0725023             0.9774         0.9769
56.1991
3          0.0484971   0.0659752             0.984433       0.9793
86.1373
     total [########......................................] 16.67%
this epoch [################............................] 33.33%
     2000 iter, 3 epoch / 20 epochs
     20.641 iters/sec. Estimated time to finish: 0:08:04.469079.
```

3. Mac 环境

执行以下命令。

```
$ sudo pip3 install --upgrade pip
$ sudo pip3 install matplotlib
$ sudo pip3 install chainer==4.0.0
```

该安装确认步骤与 Linux 的相同。

4. RasPi 环境

RasPi OS 的安装和设置请参考附录 A.2。若要安装 Chainer，请执行以下命令。

```
$ sudo apt install python3-pip
$ sudo pip3 install --upgrade pip
$ sudo pip3 install matplotlib
$ sudo pip3 install chainer==4.0.0
```

该安装确认步骤与 Linux 的相同。另外，因为训练需要时间，RasPi 的计算速度比 PC 慢。所以我们不建议将其用于第 5 章以外的内容。此外，RasPi 无法运行第 4 章末尾所示的物理模拟器。

1.6   ChainerRL 的安装

本书使用 ChainerRL 的 0.3.0 版，这是深度强化学习使用的框架。与 Chainer 一样，需指定版本并安装。

1. Windows 环境

执行以下命令。

```
$ pip install chainerrl==0.3.0
```

请按照以下步骤确认安装。首先，创建一个包含代码列表 1.2 中所示的 Python 程序的文件。可以使用编辑器[⊖]以便编写 Python 程序，例如 Visual Studio Code、Atom、Sakura 编辑器。使用 Visual Studio Code 较为方便，因为它可以执行单行代码以进行调试。

代码列表 1.2   用倒立摆检查 ChainerRL：chainerrl_test.py

```
1  import gym
2  env = gym.make('CartPole-v0')
3  env.reset()
4  for _ in range(100):
5      env.render()
6      env.step(env.action_space.sample())
```

然后执行以下命令。

```
$ python chainerrl_test.py
```

执行该命令后如果立即（或者过一会儿）显示如图 1.7 所示的图像，则表示运行成功。如果要中途退出，请将鼠标放到终端界面上，然后按 Ctrl + C 组合键。这一程序通过省略错误处理来进行简化，因此它可能会因发生错误或警告而中止运行。

⊖ 在本章末尾的 "编写程序的编辑器" 专栏中对此进行简要介绍。

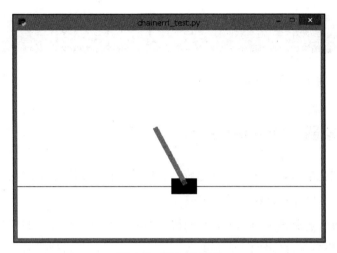

图 1.7　倒立摆问题

2. Linux 环境

执行以下命令。

```
$ sudo pip3 install chainerrl==0.3.0
```

确认安装时请使用与 Windows 中相同的程序（chainerrl_test.py）。
执行请使用以下命令。

```
$ python3 chainerrl_test.py
```

3. 使用 Mac 的用户

执行以下命令。

```
$ sudo pip3 install chainerrl==0.3.0
```

该安装确认步骤与 Linux 的相同。

4. RasPi 环境

执行以下命令。

```
$ sudo apt install python3-scipy
$ sudo pip3 install chainerrl==0.3.0
```

该安装确认步骤与 Linux 的相同。

1.7 模拟器：OpenAI Gym

深度强化学习是一个重复的过程，其中状态随诸如机器人之类的物体的运动而改变，并且能对该状态做出响应。

由于难以想象该画面，因此我们将以如图 1.2a 所示的用一只手举起扫帚的倒立摆来进行充分的说明。将扫帚立于掌心，当扫帚即将掉落时，手会朝该方向快速移动。

当进行移动（动手）时，状态（扫帚的倾斜）会发生改变。你可以通过快速重复此操作来使扫帚保持持续倒立。这时，不仅是通过数值表示，而是进行实际移动将更容易理解。

为了检查状态，也有使用 OpenGL 或 OpenCV 等全部记录的方法，但是在本书中使用"OpenAI Gym"。OpenAI 是一家非营利性研究机构，成立于 2015 年 10 月，其宗旨是开发和推广使整个人类社会受益的人工智能。创始人之一是特斯拉公司（Tesla，Inc.）的首席执行官埃隆·马斯克（Elon Musk），该公司以电动汽车闻名。

2016 年 4 月，OpenAI 发布了 OpenAI Gym 作为人工智能研究平台，用于强化学习算法的开发和评估。OpenAI Gym 包含各种强化学习任务，例如玩电子游戏的智能体（太空侵略者等）、经典控制问题（倒立摆等）以及机械臂控制等模拟器。

OpenAI Gym 的基本功能将与 ChainerRL 一同进行安装。实际上，图 1.7 中所示的用于确认 ChainerRL 的安装的倒立摆是使用 OpenAI Gym 编写的。图 1.1 中的吃豆人和太空侵略者也可以通过使用 OpenAI Gym 的扩展版本轻松执行。要执行此操作，请按照以下步骤安装 OpenAI Gym 的扩展版本。

撰写本书时，OpenAI Gym 的扩展版本无法在 Windows 的 Anaconda 环境中安装。如果要在 Windows 上运行它，则可以使用 VirtualBox 并在 VirtualBox 上运行 Ubuntu。有关如何安装 VirtualBox 的信息，请参阅附录 A.1。另外，VirtualBox 上的 Ubuntu 无法连接到外部设备，例如第 5 章中提到的摄像机。

Linux、Mac、RasPi 环境（仅适用于 Windows 上的 VirtualBox）

```
$ sudo apt install cmake
$ sudo apt install zlib1g-dev
$ sudo pip3 install gym[atari]
```

接下来让我们确认安装是否成功。如果按如下所示更改代码列表 1.1 的第 2 行，则显示如图 1.1a 所示的吃豆人。

代码列表 1.3　吃豆人：chainerrl_test_pm.py

```
2   env = gym.make('MsPacman-v0')
```

另外，如果按如下方式更改代码列表 1.1 的第 2 行，则显示如图 1.1b 所示的太空侵略者。

代码列表 1.4　太空侵略者：chainerrl_test_si.py

```
2   env = gym.make('SpaceInvaders-v0')
```

如果安装顺利，请继续阅读第 2 章。

专栏

编写程序的编辑器

通过使用称为"编辑器"的文本编辑软件，可以轻松编写 Python 之类的程序。在这里，我们介绍三个编辑器。另外，这里介绍的所有编辑器都是免费的。

1. Visual Studio Code

它为 Microsoft 提供的开源代码编辑器软件 Visual Studio Code 是可以

在 Windows、Linux 和 Mac 上运行的编辑器，优点是可以单行执行代码以进行调试。图 1.8 所示为 Visual Studio Code 的外观。

官方网站：https://code.visualstudio.com/

2. Atom

Atom 是可以在 Windows、Linux 和 Mac 上运行的编辑器。它已经发布了许多扩展功能，并已将常用的功能扩展添加为标准功能，且仍在不断发展。

官方网站：https://atom.io/

图 1.8　Visual Studio Code 的外观

3. Sakura Editor

樱花编辑器（Sakura Editor）是可以在 Windows 上运行的编辑器。它的优点是它可以像记事本一样易于使用。本书中在 Windows 环境下的示例程序的运行检查是通过 Sakura Editor 生成程序并在其终端执行的。

官方网站：http://sakura-editor.sourceforge.net/

第 2 章

深度学习

2.1　什么是深度学习

如第 1 章所述，深度学习是一种机器学习方法，用于训练和分类已知答案的问题（图像识别和自动写作），并且近年来受到了广泛的关注。

深度学习不是突然出现的新技术，而是一种基于神经网络（Neural Network，NN）的技术。深度学习是对神经网络层数的深化（之后会详细介绍），因此它被称为深度神经网络（深层神经网络），通常缩写为 DNN（Deep Neural Network）。

如图 2.1 所示，深度学习从深度神经网络开始具有各种演化。为了便于说明，将神经网络的更深层次表现称为深度神经网络，以区别于其他高级方法。

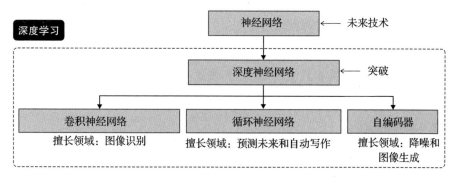

图 2.1　深度学习的变迁

我们来看一下深度神经网络的演化。首先，卷积神经网络（Convolutional Neural Network，CNN）是一种深度学习方法，善于进行图像处理。正是基于这一神经网络设计的处理方法，在识别图像中的物体时，其识别率超过了人类的识别率。

此外，循环神经网络（Recurrent Neural Network，RNN）是一种擅长使用时间序列数据的深度学习方法，自动写作就是基于此方法来实现的。

自编码器（AutoEncoder，AE）是一种应用于降噪和图像生成的深度学习方法，对蒙娜丽莎的微笑之谜的研究就是该方法的应用。尽管未在图 2.1 中表示，但 Google 机器翻译使用的是编码器 / 解码器模型。这是循环神经网络的演化模型，它由将输入的句子转换为语义向量的编码器和将编码的向量解码为不同语言的句子的解码器组成。

近年来，作为用神经网络生成图像、视频和声音的生成模型，变分自编码器（Variational AutoEncoder，VAE）和生成对抗网络（Generative Adversarial Network，GAN）引起了人们的关注。

在本书中，我们将把深度神经网络和卷积神经网络整合到深度强化学习中。但如果在不了解任何知识的情况下使用深度神经网络或卷积神经网络进行深度强化学习，则无法充分发挥其性能，也无法进行之后的应用。因此，我们首先学习深度神经网络的基础，即从神经网络的基本原理开始。然而我们并不是要学习神经网络的全部内容，而是仅学习了解深度神经网络所必须掌握的内容。随后我们学习卷积神经网络的原理。

此外，除了进行训练，熟练运用深度学习也很重要。因此，本章将介绍如何使用训练好的模型输入其他数据并进行测试。

2.2 神经网络

本节目标 通过手动计算来体验神经网络并了解其原理

这里，我们将介绍神经网络，它是深度学习的基础。图 2.2 显示了神经网络的简单示例，也称为（单层）感知器。输入 x_1 和 x_2，输出 y。另外，写有 1 的圆表示始终输入 1。为每条线设置权重 w_1 和 w_2 以及偏置 b。圆形标记称为"节点"，而连接节点的线称为"链接"。1、x_1 和 x_2 的组合称为"输入层"，而 y 称为"输出层"（在此示例中只有一个输出，所以可能感觉不像层）。输出 y 由式（2.1）计算。

$$y = w_1 x_1 + w_2 x_2 + b \qquad\qquad (2.1)$$

作为感知器和神经网络的高级版本，深度学习能更好地表达给定的输入输出关系，这可以转化成如何确定权重和偏置的问题。

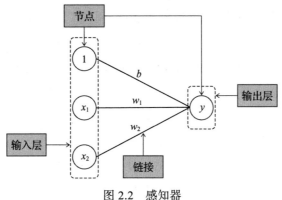

图 2.2　感知器

我们使用逻辑运算符 OR 作为图 2.2 中的感知器的示例。为了简单起见，输入为 0 或 1。如表 2.1 所示，OR 在两个输入均为 0 时输出 0，而在有一个或两个输入为 1 时输出 1。为了进一步简化该问题，确定权重值后根据式（2.1）进行计算，计算结果如果小于 0 则判定为 0，大于 0 则判定为 1。

例如，将权重分别设置为 $w_1 = 1$，$w_2 = 2$，$b = -1$。在这种情况下，y 的计算结果如表 2.1 所示，并且通过前面描述的判定方法来判断 0 和 1。从表 2.1 中可以看到，输出（OR 的答案）与判定结果匹配。也就是说，感知器可以表达 OR 逻辑。

表 2.1　逻辑运算符 OR 的输入输出关系和感知器的计算结果

输入		输出		
x_2	x_1	OR	y	判定
0	0	0	−1	0
0	1	1	1	1
1	0	1	1	1
1	1	1	3	1

当然，令 $w_1 = 0.7$，$w_2 = 1.2$，$b = 0$ 也是有效的，即权重不是唯一确定的。确定权重对于深度学习而言是一个难题，但是可以使用深度学习框架自动计算权重。

作为深度学习的第一步，图 2.3 中显示了带有多层感知器的神经网络的示例。它与图 2.2 的区别在于，在输入和输出之间插入了"中间层"（也称为隐藏层）。首先将权重添加到输入并将结果相加（如式（2.2）所示），然后将函数应用于计算结果，即可计算此中间层的输出，该函数称为"激活函数"。S 型函数、双曲正切（tanh）函数、ReLU 函数和 Leaky ReLU 函数通常用作激活函数。图 2.4 中展示了每个激活函数。

$$\begin{aligned}
h_1 &= f(s_1), \quad s_1 = w_{11}^1 x_1 + w_{21}^1 x_2 + b_1^1 \\
h_2 &= f(s_2), \quad s_2 = w_{12}^1 x_1 + w_{22}^1 x_2 + b_2^1 \\
h_3 &= f(s_3), \quad s_3 = w_{13}^1 x_1 + w_{23}^1 x_2 + b_3^1 \\
y_1 &= w_{11}^2 h_1 + w_{21}^2 h_2 + w_{31}^2 h_3 + b_1^2 \\
y_2 &= w_{12}^2 h_1 + w_{22}^2 h_2 + w_{32}^2 h_3 + b_2^2
\end{aligned}$$

$$(2.2)$$

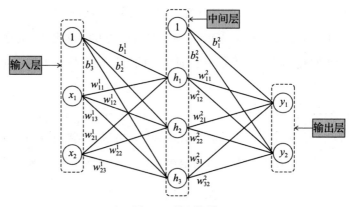

图 2.3　神经网络

例如，如果 $w^1_{11} = 1$, $w^1_{21} = 1$, $b^1_1 = 1$, $x_1 = 0$, $x_2 = 2$, 则 $s_1 = 1 \times 0 + 1 \times 2 + 1 = 3$。当使用 ReLU 函数时，$h_1 = 3$，而当使用 S 型函数时，$h_1 = 1 / (1 + e^{-3}) = 0.952\cdots$

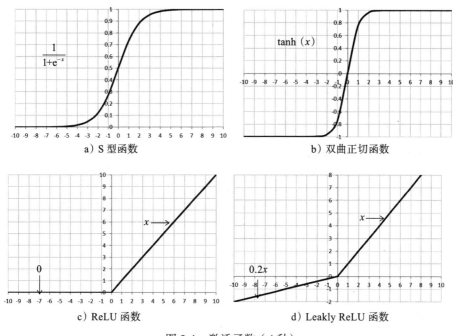

a）S 型函数   b）双曲正切函数

c）ReLU 函数   d）Leakly ReLU 函数

图 2.4　激活函数（4 种）

2.3　基于 Chainer 的神经网络

本节目标 学习神经网络原理并使用 Chainer 解决问题

使用的程序 `or.py`

Chainer 是用于深度学习的框架，但是也可以用于创建如图 2.2 和图 2.3 所示的神经网络。在这里，我们以图 2.3 中所示的三层神经网络为对象，用 Chainer 创建一个程序来学习 2.2 节中所示的逻辑运算符 OR，

代码列表 2.1 展示了一个用于学习 OR 的 Chainer 程序。我们将通过该程

序说明 Chainer 的机制。由于后续程序将基于此进行编写，所以充分理解这一内容相当重要。

代码列表 2.1 一个用 Chainer 学习 OR 的程序：or.py

```
 1  # -*- coding: utf-8 -*-
 2  import numpy as np
 3  import chainer
 4  import chainer.functions as F
 5  import chainer.links as L
 6  import chainer.initializers as I
 7  from chainer import training
 8  from chainer.training import extensions
 9
10  class MyChain(chainer.Chain):
11      def __init__(self):
12          super(MyChain, self).__init__()
13          with self.init_scope():
14              self.l1 = L.Linear(2, 3) #链接中，输入层节点数为2，中间层节点数为3
15              self.l2 = L.Linear(3, 2) #链接中，中间层节点数为3，输出层节点数为2
16      def __call__(self, x):
17          h1 = F.relu(self.l1(x)) # ReLU 函数
18          y = self.l2(h1)
19          return y
20
21  epoch = 100
22  batchsize = 4
23
24  #创建数据
25  trainx = np.array(([0,0], [0,1], [1,0], [1,1]), dtype=np.float32)
26  trainy = np.array([0, 1, 1, 1], dtype=np.int32)
27  train = chainer.datasets.TupleDataset(trainx, trainy)
28  test = chainer.datasets.TupleDataset(trainx, trainy)
29
30  #定义神经网络
31  model = L.Classifier(MyChain(), lossfun=F.softmax_cross_entropy)
32  #chainer.serializers.load_npz('result/out.model', model)
33  optimizer = chainer.optimizers.Adam()
34  optimizer.setup(model)
35
```

```
36  #定义迭代器
37  train_iter = chainer.iterators.SerialIterator(train, batchsize) #用于训练
38  test_iter = chainer.iterators.SerialIterator(test, batchsize, repeat=False,
    shuffle=False) #进行评估
39
40  #声明更新器
41  updater = training.StandardUpdater(train_iter, optimizer)
42
43  #声明训练器
44  trainer = training.Trainer(updater, (epoch, 'epoch'))
45
46  #显示并保存训练状态
47  trainer.extend(extensions.LogReport()) #日志
48  trainer.extend(extensions.Evaluator(test_iter, model)) #显示 epoch 数
49  trainer.extend(extensions.PrintReport(['epoch', 'main/loss', 'validation/main/
    loss','main/accuracy', 'validation/main/accuracy', 'elapsed_time'] )) #显示计算
    状态
50  #trainer.extend(extensions.dump_graph('main/loss')) #神经网络的结构
51  #trainer.extend(extensions.PlotReport(['main/loss', 'validation/main/loss'],
    'epoch',file_name='loss.png')) #误差图
52  #trainer.extend(extensions.PlotReport(['main/accuracy', 'validation/main/
    accuracy'],'epoch', file_name='accuracy.png')) #准确率图
53  #trainer.extend(extensions.snapshot(), trigger=(100, 'epoch')) #输出用于
    重启训练的快照
54  #chainer.serializers.load_npz('result/snapshot_iter_500', trainer) #重启
55
56  #开始训练
57  trainer.run()
58  #chainer.serializers.save_npz('result/out.model', model)
```

稍后我们将对此程序进行详细说明，现在先执行它。在包含 or.py 的目录
中执行以下命令。

❑ Windows（Python 2 系列和 Python 3 系列）和 Linux、Mac、RasPi（Python
2 系列）环境中：

```
$ python or.py
```

❑ Linux、Mac、RasPi（Python 3 系列）环境中：

```
$ python3 or.py
```

　　执行后输出结果如终端输出 2.1 所示。在实际的 Chainer 输出中，将 valid 表述为 validation，acc 表述为 accuracy。终端输出 2.1 中，从左侧开始分别为 epoch 数（训练的迭代次数）、训练数据误差、测试数据误差、训练数据准确率、测试数据准确率和所需时间。一开始准确率为 0.5，即正确率是一半，但准确率在中途提高到 75%，最后达到 100%。我们可以看到，该训练所需的时间约为 1.43 秒。

终端输出 2.1　or.py 的执行结果

epoch	main/loss	valid/main/loss	main/acc	valid/main/acc	elapsed_time
1	0.700649	0.699599	0.5	0.5	0.00239314
2	0.699599	0.698559	0.5	0.5	0.0124966
3	0.698559	0.697522	0.5	0.5	0.0218371
4	0.697522	0.696487	0.5	0.5	0.0310541
5	0.696487	0.695457	0.5	0.75	0.0408003
6	0.695457	0.694504	0.75	0.75	0.0504556
7	0.694505	0.69375	0.75	0.75	0.0608347
8	0.69375	0.692971	0.75	0.75	0.0709407
(中略)					
98	0.62547	0.624732	1	1	1.40054
99	0.624732	0.624019	1	1	1.41748
100	0.624019	0.623295	1	1	1.43434

　　由于训练结果会在每次执行时发生变化，因此迭代 100 次 epoch 可能不会提供 100% 的准确率。在深度学习中，通常执行迭代学习，即训练数据不是使用一次而是多次重复使用。这样的迭代次数称为 epoch 数。如果准确率不是 100%，请重试或增加下述程序中的 epoch 数，然后再次尝试。

2.3.1　Chainer 与神经网络的对应

　　神经网络如图 2.3 所示，但是有必要在 Chainer 中设置如何评估结果，因此明确地显示训练部分会更易于理解（如图 2.5 所示）。此外，由于 OR 的答案是 0 和 1，你可能会认为只需要一个输出节点 y。但是，在神经网络中，最好设置为答案是 0 时 y_1 变大，答案是 1 时 y_2 变大。

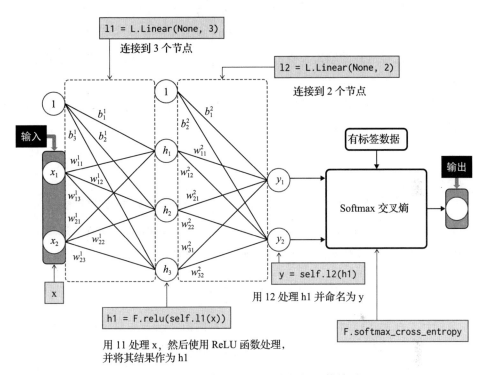

图 2.5　神经网络与 Chainer 之间的函数关系

2.3.2　Chainer 程序

现在我们从头说明代码列表 2.1 中所示的程序。

首先说明设置神经网络结构的部分，这是需要理解的最重要的一点。此部分在 class MyChain (chainer.Chain)：中进行设置（见第 10 ~ 19 行）。具体来说，要设定神经网络中的节点如何进行连接以及用什么作为激活函数。在第 14 行设置链接。

14　l1 = L.Linear(2, 3) # 链接中，输入层节点数为 2，中间层节点数为 3

这里设定了图 2.5 中输入层节点和中间层节点的链接，将该链接命名为 l1。L.Linear 的第一个参数设定是链接的输入节点的维数。输入层中的节点数为 2，因此设置为 2。也可以通过将其设置为 None 来实现自动设定。但是，在当前版本的 ChainerRL 中，不能使用 None 来为深度强化学习设置网络。第二个参数设定是链接的输出节点的维数，由于图 2.5 中的中间层的节点数为 3，因此将其设置为 3。

同样，第 15 行代码表示中间层节点和输出层节点的链接。输出层中的节点数为 2，因此第二个参数为 2，将该链接命名为 l2。

```
15   l2 = L.Linear(3, 2) # 链接中，中间层节点数为 3，输出层节点数为 2
```

接下来，将节点和链接结合起来，并在第 17 行代码中设置每层中节点的激活函数。对于输入 x，使用链接 l1 计算权重，利用作为激活函数之一的 ReLU 函数计算中间层节点的值，并将输出结果命名为 h1。

```
17   h1 = F.relu(self.l1(x)) # ReLU 函数
```

同样，在第 18 行代码中计算输出层节点的值。这表明对于中间层节点的值 h1，通过计算链接 l2 的权重以计算输出层节点的值。

```
18   y = self.l2(h1)
```

2.3.3 参数设置

在第 21 行设置 epoch 数，通过增加 epoch 数使训练次数增加，这是在第 44 行代码中使用的变量。第 22 行设置了 mini-batch 的大小。在深度学习中，通常使用一种称为小批量训练的方法。在这种情况下，将训练数据划分为几种大小的块，并使用划分后的少量样本更新神经网络的参数⊖。

扩大 mini-batch 的大小将加快训练速度，但是 mini-batch 过大将会使参数

⊖　mini-batch 大小为 1 时称为在线训练，而 mini-batch 大小与训练数据中的样本总数相同时称为批量训练。

难以收敛到最优解。因此 mini-batch 的大小需要根据要处理的数据进行适当设置，通常在查看训练过程的误差值时由反复试验进行确定。

2.3.4　创建数据

创建数据在第 25 ～ 28 行代码中完成。以列表形式设置输入数据和输出数据，输入数据存储为 2 维矩阵，输出数据存储为 1 维矩阵。我们用数值计算库 NumPy（用于处理多维数组）进行矩阵化。在此示例中，使用了相同的训练数据和测试数据，但是由于实际问题中存在大量数据，因此将其中一些数据（80% 到 90%）用作训练数据，其余作为测试数据。2.5 节将介绍划分数据的方法。

2.3.5　定义神经网络

神经网络的定义可以通过以下 3 个步骤完成。

1. 神经网络设置

在第 31 行代码中，用第 14 行和第 15 行中所设置的神经网络来创建模型，这里使用 softmax_cross_entropy 作为损失函数来计算误差。损失函数是用于计算神经网络的输出与有标签数据之间的误差的函数。损失函数有各种类型，表 2.2 汇总了 Chainer 可以设置使用的损失函数。

表 2.2　损失函数

Chainer 的函数名称	返回值
chainer.functions.softmax_cross_entropy	Softmax 交叉熵
chainer.functions.sigmoid_cross_entropy	sigmoid 交叉熵
chainer.functions.squared_error	两个向量的最小二乘误差
chainer.functions.mean_absolute_error	两个向量的平均绝对误差
chainer.functions.gaussian_kl_divergence	KL 散度

2. 深度学习设置

接下来，在第 33 行设置优化函数并创建优化器。优化函数是确定如何根据有标签数据与计算结果之间的误差进行训练的函数。表 2.3 展示了 Chainer 可设置的优化函数。由于很难准确直观地表达这些内容，因此仅使用关键字来防止产生误解。有关详细信息，请参阅 Chainer 的参考文献。

表 2.3　各种优化函数（用◎标记常用的函数）

Chainer 的函数名称	Chainer 的函数名称
chainer.optimizers.AdaDelta	chainer.optimizers.RMSprop
◎ chainer.optimizers.AdaGrad	chainer.optimizers.RMSpropGraves
◎ chainer.optimizers.Adam	◎ chainer.optimizers.SGD
chainer.optimizers.MomentumSGD	chainer.optimizers.SMORMS3
chainer.optimizers.NesterovAG	

3. 模型设置

最后在第 34 行中，将创建的优化器设置为模型的优化器。

2.3.6　各种声明

第 37 ～ 44 行定义了迭代器，并进行更新器和训练器的声明。在迭代器部分创建训练数据和测试数据。在更新器部分把训练数据与优化器结合在一起。迭代器将使用定义好的更新器来创建训练环境，并使用第 2 个参数设置 epoch 数（训练迭代的次数）。

2.3.7　显示训练状态

在第 47 ～ 55 行中设置训练状态的显示和训练期间的数据保存。这些设置都可以省略，且省略时训练速度会更快。在终端输出 2.1 中显示的执行结果示例中，训练时间大约需要 1.43 秒，此时未输出如图 2.7 所示的误差图和准确率图。若要将这些图输出，则执行时间约为 30.32 秒。另外，本书中的执行时间是在 Windows + Anaconda 环境下执行的结果，而个人计算机使用的是 Core i7 4790 3.6 GHz CPU 和 16 GB 内存。

第 47 ～ 49 行显示的信息如终端输出 2.1 所示，表示训练的进度。如果去除第 50 行的第一个注释符，则可以可视化已设置的神经网络。如果要看到如图 2.6 所示的图像，需要用 dot 命令将生成的 dot 文件转换为 PNG 等格式的图像。

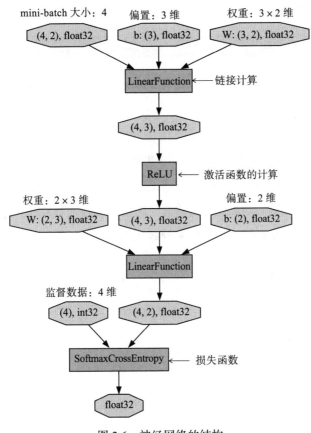

图 2.6　神经网络的结构

必须安装 graphviz 才能使用 dot 命令。

❏ Windows 环境中：

```
$ conda install -c anaconda graphviz
```

❑ Linux、Mac、RasPi 环境中：

```
$ sudo apt install graphviz
```

使用以下命令执行。

```
$ dot –Tpng result/cg.dot –o result/cg.png
```

执行程序时将神经网络的结构可视化不是必需的，但这样做便于检查自己创建的神经网络进行到了哪一步。

如果去除第 51 行和第 52 行的第一个注释符，则将分别生成名称为 accuracy.png 和 loss.png 的准确率图和误差图，如图 2.7 所示。

图 2.7a 的准确图是将终端输出 2.1 的 main/acc 和 valid/main/acc 以图的形式表示，其中横轴是 epoch 数，纵轴是准确度。准确度是对输入数据正确分类的评估，随着 epoch 数的增加，训练神经网络的权重，最终可以看到 100% 正确的分类情况。

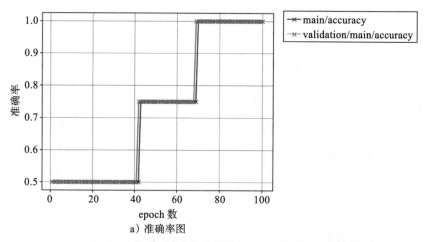

a）准确率图

图 2.7　准确率图与误差图（实际上坐标轴名称并未输出）

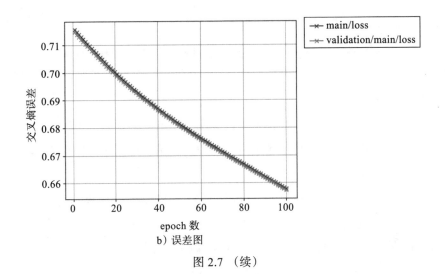

b）误差图

图 2.7 （续）

另外，图 2.7b 中的误差图是将终端输出 2.1 的 main/loss 与 valid/main/loss 以图的形式表示，其中横轴是 epoch 数，纵轴是 softmax 交叉熵误差。softmax 交叉熵误差是神经网络输出层中的值与有标签数据之间的交叉熵误差，随着 epoch 数的增加，这一指标的值越来越小，说明顺利进行了训练。它也是衡量我们所创建的神经网络是否训练良好的重要指标。

而且，如果训练次数增加，则测试数据的准确率会降低并且误差会增加。如 2.5 节中的图 2.11 所示，这是一种称为"过拟合"（over fitting 或 over training）的现象，也是一种训练数据特化下神经网络训练过度而无法处理测试数据的现象。为避免这种过拟合，显示准确率图和误差图非常重要。

2.3.8 保存训练状态

如果去除第 53 行的第一个注释符，将生成一个用于重启的快照文件。在此示例中，整个计算在大约 2 秒钟内完成，但是某些问题的计算可能需要几个小时。此外，你可能想在训练期间关闭计算机，这时候请创建一个快照文件夹。

执行程序后，在 result 目录下会生成诸如 snapshot_iter_100 和 snapshot_

iter_200 之类的文件。请注意，这里使用 trigger =（100,'epoch'）来设定每 100 个 epoch 生成一个快照文件，并根据目标问题调整此值。例如，如果将 epoch 数设置为 100 万，每 100 个 epoch 就会创建一个快照文件，则最后生成 1 万个文件。

第 54 行是重启函数。可以通过去除第一个注释符并改变 snapshot_iter_500 的数字部分来进行中途重启。比如，如果和此示例一样写 500，它将在第 501 个 epoch 时重启。

此外还可以通过去除第 58 行的注释符来将训练好的模型保存在文件中，将诸如链接权重之类的各种变量都保存在训练模型文件中（文件名为 out.model）。通过保存模型，可以使用训练后的模型进行测试。

要使用训练后的模型，请去除第 32 行的注释符。

2.3.9　执行训练

虽然设置过程较长，但我们将在第 57 行开始执行训练。

2.4　与其他神经网络的对应

本节目标　了解具有不同结构的神经网络并使用 Chainer 求解

使用的程序　or_2.py、or_5.py、count.py

2.4.1　感知器

代码列表 2.1 中所示的程序针对某一种神经网络，该神经网络有 1 个中间层且该中间层由 3 个节点组成，如图 2.5 所示。在这里，我们将展示如何更改神经网络的结构以及如何更改输入输出关系。

首先，可以通过将代码列表 2.1 中的 MyChain 更改为如代码列表 2.2 所示的代码，使图 2.5 中的神经网络变为如图 2.2 所示的不含中间层的神经网络（感知器）。另外，输出层节点数设为 2 个。

代码列表 2.2　感知器设定：or_2.py 的一部分

```
1    class MyChain(chainer.Chain):
2        def __init__(self):
3            super(MyChain, self).__init__()
4            with self.init_scope():
5                self.l1 = L.Linear(2, 2) #链接中，输入层节点数为 2，输出层节点数为 2
6        def __call__(self, x):
7            y = self.l1(x)
8            return y
```

2.4.2　5 层神经网络（深度学习）

接下来，如图 2.8 所示，我们将上述感知器更改为具有 3 个中间层且中间层的节点数从左侧开始分别为 6、3、5 的神经网络。这一步可以通过将 MyChain 更改为如代码列表 2.3 所示的代码来实现。

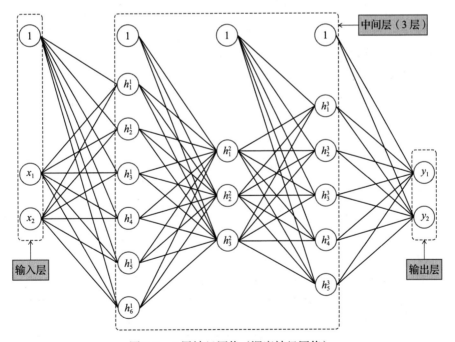

图 2.8　5 层神经网络（深度神经网络）

代码列表 2.3　设定 5 层神经网络：or_5.py 的一部分

```
1   class MyChain(chainer.Chain):
2       def __init__(self):
3           super(MyChain, self).__init__()
4           with self.init_scope():
5               self.l1 = L.Linear(2, 6)  # 输入层节点数为 2，中间层节点数为 6
6               self.l2 = L.Linear(6, 3)  # 中间层节点数为 6，中间层节点数为 3
7               self.l3 = L.Linear(3, 5)  # 中间层节点数为 3，中间层节点数为 5
8               self.l4 = L.Linear(5, 2)  # 中间层节点数为 5，输出层节点数为 2
9       def __call__(self, x):
10          h1 = F.relu(self.l1(x))
11          h2 = F.relu(self.l2(h1))
12          h3 = F.relu(self.l3(h2))
13          y = self.l4(h3)
14          return y
```

通常，深度神经网络是指具有两个或多个中间层（也有存在三个或多个中间层的说法）的神经网络。根据该定义，图 2.8 展示了相应的深度学习模型结构。但是，这里设计的中间层数是为了使设计方法易于理解，该中间层数的设计并不是一个较好的值。

虽然没有确定中间层设计规则，但是当使用多个中间层时，中间层的节点数通常是相同的。此外，经常可以看到中间层的节点数比输入层节点数多 10% 的情况。

2.4.3　计算输入中的 1 的数量

请思考一个具有不同于 OR 的输入输出关系的示例。在这里，我们思考如何得到表 2.4 中的关系。这其实是由计算输入中的 1 的数量，并输出该数量而得的。

表 2.4　回答 1 的数量的问题

x_3	x_2	x_1	y
0	0	0	0
0	0	1	1

（续）

x_3	x_2	x_1	y
0	1	0	1
0	1	1	2
1	0	0	1
1	0	1	2
1	1	0	2
1	1	1	3

　　代码列表 2.4 中显示了对代码列表 2.1 所做的更改。可以看到 y 的值为从 0 到 3（第 19 行），网络的输出层节点数为 4（第 7 行）。

代码列表 2.4　输出数字 1 的数量的问题设定：count.py 的一部分

```
1   class MyChain(chainer.Chain):
2       def __init__(self):
3           super(MyChain, self).__init__()
4           with self.init_scope():
5               self.l1 = L.Linear(3, 6) # 输入层节点数为 3，中间层节点数为 6
6               self.l2 = L.Linear(6, 6) # 中间层节点数为 6，中间层节点数为 6
7               self.l3 = L.Linear(6, 4) # 中间层节点数为 6，输出层节点数为 4
8       def __call__(self, x):
9           h1 = F.relu(self.l1(x))
10          h2 = F.relu(self.l2(h1))
11          y = self.l3(h2)
12          return y
13
14  epoch = 10000
15  batchsize = 8
16
17  # 创建数据
18  trainx = np.array(([0,0,0], [0,0,1], [0,1,0], [0,1,1], [1,0,0], [1,0,1],
    [1,1,0], [1,1,1]), dtype=np.float32)
19  trainy = np.array([0, 1, 1, 2, 1, 2, 2, 3], dtype=np.int32)
```

2.5　基于深度神经网络的手写数字识别

本节目标 能够通过识别手写数字来处理复杂的神经网络

使用的程序　`MNIST_DNN.py`

深度学习中经常处理的问题之一是手写数字识别问题，MNIST 是其中的数据集之一。本节将使用深度神经网络对图 2.9 中所示的手写数字进行分类。擅长进行图像处理的卷积神经网络可以进行手写数字识别。

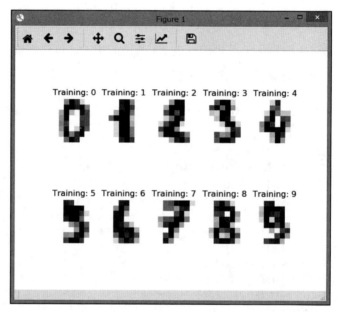

图 2.9　手写数字的一部分（为了便于查看这里使用倒置显示）

首先，我们将使用目前为止已经说明的深度神经网络来学习手写数字的识别，并在此基础上，在 2.6 节中学习卷积神经网络。Chainer 的一大优点是，如果你了解最简单的神经网络结构，就可以解决看似困难的手写数字的分类任务。

2.5.1　手写数字的输入格式

通常把由 28×28 像素组成的图像用于手写数字识别问题，但是在这里，为了使说明更易于理解，我们使用了 Python 的开源机器学习库 scikit-learn 的手写数字数据。

　　这次使用的手写数字为 8×8 像素，灰度等级设置为 17 级，数据数为 1797 个。该手写数字的数据格式在 2.5.3 节中进行了概述，详情请参考这一节。

　　要使用深度神经网络识别手写数字，请按照图 2.10 中所示的步骤进行操作。在图 2.10 中，0 是白色，16 是黑色，数字从小到大颜色渐深。在深度神经网络中，图像被水平分割并排成一排，用作神经网络的输入。这里按从 0 到 9 共 10 个数字分类，因此有 10 个输出层节点。

　　另外，由于这次使用的字符图像数据的像素横向排列为 1 列，因此不需要考虑将其划分。

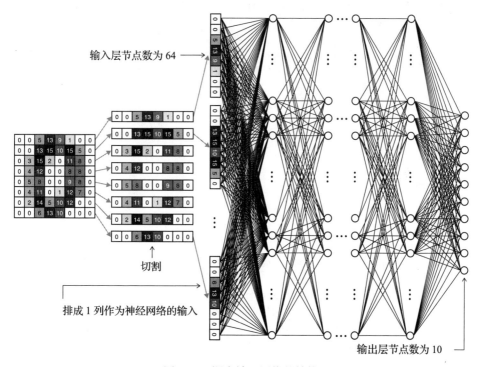

图 2.10　深度神经网络的结构

代码列表 2.5 中显示了通过深度神经网络对手写数字进行分类的程序。

代码列表 2.5　区分手写数字：MNIST_DNN.py 的一部分

```python
1   # -*- coding: utf-8 -*-
2   import numpy as np
3   import chainer
4   import chainer.functions as F
5   import chainer.links as L
6   import chainer.initializers as I
7   from chainer import training
8   from chainer.training import extensions
9   from sklearn.datasets import load_digits
10  from sklearn.model_selection import train_test_split
11
12  class MyChain(chainer.Chain):
13      def __init__(self):
14          super(MyChain, self).__init__()
15          with self.init_scope():
16              self.l1 = L.Linear(64, 100)  # 输入层节点数为 64，中间层节点数为 100
17              self.l2 = L.Linear(100, 100) # 中间层节点数为 100，中间层节点数为 100
18              self.l3 = L.Linear(100, 10)  # 中间层节点数为 100，输出层节点数为 10
19      def __call__(self, x):
20          h1 = F.relu(self.l1(x))
21          h2 = F.relu(self.l2(h1))
22          y = self.l3(h2)
23          return y
24
25  epoch = 20
26  batchsize = 100
27
28  #创建数据
29  digits = load_digits()
30  data_train, data_test, label_train, label_test = train_test_split(digits.data,
    digits.target, test_size=0.2)
31  data_train = (data_train).astype(np.float32)
32  data_test = (data_test).astype(np.float32)
33  train = chainer.datasets.TupleDataset(data_train, label_train)
34  test = chainer.datasets.TupleDataset(data_test, label_test)
35  #从定义神经网络开始的代码与代码列表 2.1 中的代码相同
```

上述代码与代码列表 2.1 的区别是导入数据使用了 scikit-learn 的库，神经网络的结构不同并且创建训练数据的方法有差异。Linux、Mac、RasPi 环境中，需要使用以下命令安装 scikit-learn 库。Windows + Anaconda 的环境中则不需要。

```
$ sudo pip3 install scikit-learn
```

2.5.2   深度神经网络的结构

使用以下命令运行程序。

❑ Windows（Python 2 系列和 Python 3 系列）、Linux、Mac、RasPi（Python 2 系列）环境中：

```
$ python MNIST_DNN.py
```

❑ Linux、Mac、RasPi（Python 3 系列）环境中：

```
$ python3 MNIST_DNN.py
```

执行结果显示在终端输出 2.2 中。可以看出，训练数据的识别率在开始时约为 32.9%，但在训练结束时提高到约 99.8%。

终端输出 2.2   MNIST_DNN.py 的执行结果

epoch	main/loss	valid/main/loss	main/acc	valid/main/acc	elapsed_time
1	2.46826	0.94379	0.328667	0.708333	0.0552141
2	0.562161	0.401634	0.832857	0.8825	0.102676
3	0.2798	0.257898	0.917333	0.9225	0.149225
（中略）					
19	0.0147339	0.106376	0.998	0.9725	0.93149
20	0.0150053	0.109896	0.997857	0.9675	0.982373

这里仅对代码列表 2.5 与代码列表 2.1 中不同的部分进行说明。

首先，在第 9 行和第 10 行中读取两个库，以获得手写数字数据并整理该数据。

接下来，第 12 ～ 23 行中，设置神经网络结构的部分有所不同。代码列表 2.5 中的中间层有两个，节点数为 100。没有规则规定节点数为 100，只是根据笔者的经验而言，这个值比较有效。并且由于用于 10 个数字的分类，因此输出层节点数为 10。ReLU 函数被用作激活函数。

然后，在第 29 ～ 34 行的用于输入数据的部分中，首先读取手写数字数据并将其替换为数字。训练数据和测试数据与 2.3 节中的相同，但在本节中，将 20% 的手写数字数据划分为测试数据，其余（80%）划分为训练数据，并在第 30 行中进行划分。接下来将训练数据和测试数据的每个输入转换为列表，形成元组，以便神经网络的输入和标签配对，并创建用于训练和测试的数据。

图 2.11 显示了 epoch 数为 1000 时的准确率图和误差图。训练数据的误差接近 0，但是测试数据的误差随着每次学习而增加。可以看出，相对于测试数据，准确率没有增加。我们将其表示为"过拟合"（overfitting）。由此可以看出，epoch 数 20 左右时效果较好。

使用更高分辨率的手写数字数据（MNIST）的相关方法请见 5.1.3 节。

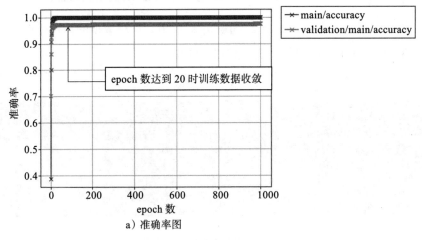

a）准确率图

图 2.11　准确率图与误差图

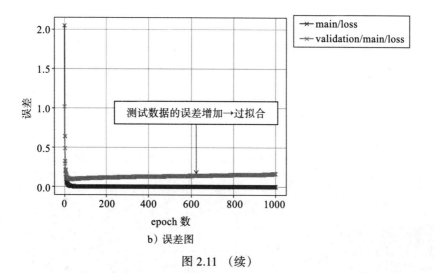

b）误差图

图 2.11 （续）

2.5.3 8×8 的手写数字数据

我们将补充说明 scikit-learn 的手写数字的数据格式。通过运行代码列表 2.6 中的脚本可以查看图 2.9。

代码列表 2.6 显示手写数字：disp_number.py

```
1   # -*- coding: utf-8 -*-
2   from sklearn.datasets import load_digits
3   import matplotlib.pyplot as plt
4   digits = load_digits()
5   images_and_labels = list(zip(digits.images, digits.target))
6   for index, (image, label) in enumerate(images_and_labels[:10]):
7       plt.subplot(2, 5, index + 1)
8       plt.imshow(image, cmap=plt.cm.gray_r, interpolation='nearest')
9       plt.axis('off')
10      plt.title('Training: %i' % label)
11  plt.show()
12
13  print(digits.data)
14  print(digits.target)
15  print(digits.data.shape)
16  print(digits.data[0])
17  print(digits.data.reshape((len(digits.data), 1, 8, 8))[0])
```

接下来对此数据的格式进行说明。

按下 Q 键关闭图 2.9 中的窗口后，将显示终端输出 2.3。第 1 ～ 7 行括号中的部分是 `digits.data` 的显示结果，代表 1797 个图像数据。由于数据较长，因此以省略形式显示，例如第 1 行是图 2.9 左上方的字符 0 的图像信息。实际上，每个字符由 64 个数字组成。

终端输出 2.3　disp_number.py 的执行结果（关闭图 2.9 中的窗口后显示）

```
[[ 0.  0.  5. ...  0.  0.  0.]
 [ 0.  0.  0. ... 10.  0.  0.]
 [ 0.  0.  0. ... 16.  9.  0.]
 ...
 [ 0.  0.  1. ...  6.  0.  0.]
 [ 0.  0.  2. ... 12.  0.  0.]
 [ 0.  0. 10. ... 12.  1.  0.]]
[0 1 2 ... 8 9 8]
(1797, 64)
[ 0.  0.  5. 13.  9.  1.  0.  0.  0.  0. 13. 15. 10. 15.  5.  0.  0.  3.
 15.  2.  0. 11.  8.  0.  0.  4. 12.  0.  0.  8.  8.  0.  0.  5.  8.  0.
  0.  9.  8.  0.  0.  4. 11.  0.  1. 12.  7.  0.  0.  2. 14.  5. 10. 12.
  0.  0.  0.  6. 13. 10.  0.  0.  0.]
[[[ 0.  0.  5. 13.  9.  1.  0.  0.]
  [ 0.  0. 13. 15. 10. 15.  5.  0.]
  [ 0.  3. 15.  2.  0. 11.  8.  0.]
  [ 0.  4. 12.  0.  0.  8.  8.  0.]
  [ 0.  5.  8.  0.  0.  9.  8.  0.]
  [ 0.  4. 11.  0.  1. 12.  7.  0.]
  [ 0.  2. 14.  5. 10. 12.  0.  0.]
  [ 0.  0.  6. 13. 10.  0.  0.  0.]]]
```

第 8 行括号中的部分是 `digits.target` 的显示结果，它表示每个图像数据的标签。换句话说，写入的第一个数据显示为 0，第二个数据为 1，最后一个数据为 8，这是有标签数据。

第 9 行显示数据数量和每个数据的长度。在 scikit-learn 中，有 1797 个字符数据，每个数据的长度为 64。

第 10 ～ 13 行是 `digits.data [0]` 的显示结果，且 64 个数据在一条水平线上对齐。我们用 17 个等级显示了 8×8 图像的每个像素的颜色密度。实际上，如果要绘制 8×8 正方形并按 17 个等级为每个正方形区分灰度，将得到如图 2.12 所示的结果。为了易于看清，0 是白色，16 是黑色，并且灰度是倒置的。

第 14～21 行是 `digits.data.reshape((len(digits.data),1,8,8))[0]` 的显示结果。这样一来可以将数据整形为 8×8，且在后面显示的卷积神经网络中，将其作为输入。

0	0	5	13	9	1	0	0
0	0	13	15	10	15	5	0
0	3	15	2	0	11	8	0
0	4	12	0	0	8	8	0
0	5	8	0	0	9	8	0
0	4	11	0	1	12	7	0
0	2	14	5	10	12	0	0
0	0	6	13	10	0	0	0

图 2.12　scikit-learn 的手写数字 0

2.6　基于卷积神经网络的手写数字识别

本节目标　扩展到卷积神经网络

使用的程序　`MNIST_CNN.py`

我们将使用卷积神经网络来学习探讨与深度神经网络相同的问题，卷积神经网络是一种擅长进行图像处理的深度学习方法。

代码列表 2.4 中所描述的模型与深度神经网络的区别是神经网络的结构差异和创建训练数据的方法差异。编写程序的方法很简单，但是考虑到在深度强化学习中引入卷积神经网络，我们有必要了解卷积神经网络的原理以及图像大小如何变化。

但是为了不用全部阅读相关资料也能理解，下面显示了更改图像大小的公式。稍后我们会对未加说明的词进行说明。为简单起见，假设输入图像、卷积过滤器和池化过滤器具有相同的垂直和水平大小。

$$O = \left(\frac{W + 2P - FW}{S} + 1 \right) \times \frac{1}{PW}$$

每个符号的含义如下所示。

- O：输出图像大小
- W：输入图像大小
- P：填充大小
- FW：卷积过滤器大小
- S：步长
- PW：池化过滤器大小

首先，卷积神经网络的原理（如图 2.13 所示）与图 2.10 相同。

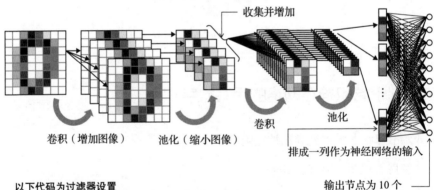

以下代码为过滤器设置

```
self.conv1 = L.Convolution2D(1, 4, 3, 1, 1)
self.conv2 = L.Convolution2D(4, 16, 3, 1, 1)
self.l3 = L.Linear(64, 10)

h1 = F.max_pooling_2d(F.relu(self.conv1(x)), 2, 2)
h2 = F.max_pooling_2d(F.relu(self.conv1(h1)), 2, 2)
y = self.l3(h2)
```

图 2.13　卷积神经网络原理

在深度神经网络中，图像被切割，但是在卷积神经网络中重复着图像数量增加（卷积），图像缩小（池化）的操作。这是因为图像中上下左右等附近的信息很重要，因此我们采用了一种在不切割图像的情况下保持图像信息的处理方法。最后，通过与普通的深度神经网络相同的神经网络进行判断。该图中的"卷积"和"池化"是卷积神经网络的关键点。

首先，让我们执行它。在包含 MNIST_CNN.py 的目录中执行以下命令。

❏ Windows（Python 2 系列和 Python 3 系列）、Linux、Mac、RasPi（Python 2 系列）环境中：

```
$ python MNIST_CNN.py
```

❏ Linux、Mac、RasPi（Python 3 系列）环境中：

```
$ python3 MNIST_CNN.py
```

执行结果如终端输出 2.4 所示。可以看出，训练数据的识别率在开始时约为 24.9%，但在训练结束时提高到 100%。

终端输出 2.4　MNIST_CNN.py 的执行结果

epoch	main/loss	valid/main/loss	main/acc	valid/main/acc	elapsed_time
1	3.8239	1.72135	0.249333	0.430833	0.290188
2	1.24541	0.831377	0.606429	0.7075	0.557274
3	0.580259	0.493829	0.826667	0.836667	0.840821
（中略）					
19	0.0287138	0.116627	0.999333	0.964167	5.37
20	0.0271587	0.101289	1	0.965	5.66434

可以看出，卷积神经网络比深度神经网络具有更好的结果。但由于每次执行时结果都会改变，因此识别率可能会比深度神经网络的识别率低。

2.6.1　卷积

卷积是一种用于增加图像数量的处理，如图 2.13 所示。一旦理解其原理，就可以通过普通的神经网络和四则运算来计算它。这里重要的是知道图像大小

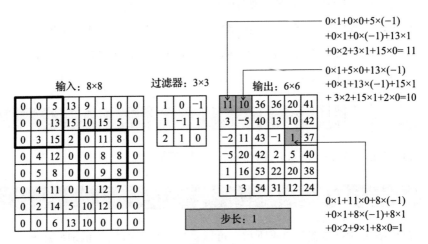

如何随着卷积变化。

首先，让我们描述用于进行卷积的过滤器的作用。用图 2.14 来逐步说明卷积过滤器的计算方法。

图 2.14　卷积过滤器的计算方法

让我们考虑对输入数据的左上角 3×3 部分应用 3×3 过滤器进行计算，该过滤器称为大小为 3 的卷积过滤器。通过把对应的部分相乘并将得到的 9 个数字相加来完成此计算，如图 2.14 所示。得到左上角的结果是 11。这是通过将计算部分一一移动来计算的。图 2.14 中还显示了向右移动一格时的计算。

例如，如果将过滤器从顶部移至第三行，从左侧移至第五列，执行图中的计算得到 1。这是在整个输入数据上进行的计算。图 2.14 中使用了图中的输入数据。如果仔细观察，输入图像的大小虽然为 8×8，但是输出图像的大小为 6×6，即输出图像会变小一些。

在图 2.14 的示例中，将过滤器一步一步移位，移位宽度称为步长。移位 1 时步长为 1。图 2.15 显示了当过滤器移位 2 时的步长为 2，在这种情况下输出图像变得更小。

如图 2.14 所示，当步长为 1 并进行卷积时，图像会变小一些，但即使使用了卷积过滤器，有时也不想缩小图像大小。例如，输入图像比较小时，想要使用较大的过滤器或要构建具有更多卷积层的深度网络。

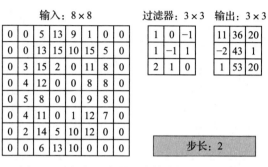

图 2.15　卷积过滤器的计算方法（步长为 2）

在这种情况下，将执行用 0 填充周围的预处理，如图 2.16 所示。当过滤器大小为 3×3 时，图像周围用一层 0 填充，则计算后的图像将保持原来的大小。用 0 填充的过程称为零填充。当过滤器大小为 5×5 时，可以通过填充两倍的 0 以保持计算后的图像大小不变。像这样用 0 进行填充后的大小称为填充大小。

输入：8×8

0	0	0	0	0	0	0	0	0	0
0	0	0	5	13	9	1	0	0	0
0	0	0	13	15	10	15	5	0	0
0	0	3	15	2	0	11	8	0	0
0	0	4	12	0	0	8	8	0	0
0	0	5	8	0	0	9	8	0	0
0	0	4	11	0	1	12	7	0	0
0	0	2	14	5	10	12	0	0	0
0	0	0	6	13	10	0	0	0	0
0	0	0	0	0	0	0	0	0	0

过滤器：3×3

1	0	-1
1	-1	1
2	1	0

输出：8×8

0	5	21	42	45	43	36	10
0	11	10	36	36	20	41	21
3	3	-5	40	13	10	42	29
1	-2	11	43	-1	1	37	32
1	-5	20	42	2	5	40	30
-1	1	16	53	22	20	38	15
-2	1	3	54	31	12	24	7
-2	-8	4	7	-4	20	12	0

周围区域用0填充

步长：1

图 2.16　卷积过滤器的计算方法（填充大小为 1）

接下来，使用如图 2.17 所示的多个过滤器以增加图像数量。在这里，我们将补充说明过滤器的作用。

输入：8×8（周围区域用0填充）

0	0	0	0	0	0	0	0	0	0
0	0	0	5	13	9	1	0	0	0
0	0	0	13	15	10	15	5	0	0
0	0	3	15	2	0	11	8	0	0
0	0	4	12	0	0	8	8	0	0
0	0	5	8	0	0	9	8	0	0
0	0	4	11	0	1	12	7	0	0
0	0	2	14	5	10	12	0	0	0
0	0	0	6	13	10	0	0	0	0
0	0	0	0	0	0	0	0	0	0

过滤器：3×3

1	0	-1
1	-1	1
2	1	0

输出：8×8

0	5	21	42	45	43	36	10
0	11	10	36	36	20	41	21
3	3	-5	40	13	10	42	29
1	-2	11	43	-1	1	37	32
1	-5	20	42	2	5	40	30
-1	1	16	53	22	20	38	15
-2	1	3	54	31	12	24	7
-2	-8	4	7	-4	20	12	0

过滤器：3×3

0	1	-1
-1	0	1
1	-1	0

0	5	0	2	-7	-14	9	5
0	5	-5	14	10	-15	-12	3
3	-2	-11	2	4	10	-6	0
1	-5	6	-2	-3	2	1	0
1	-4	0	3	0	-3	4	-1
-1	6	-8	-1	-2	5	8	-7
-2	7	8	-12	-1	5	-5	0
-2	-6	22	-1	-15	2	0	0

过滤器：3×3

2	-1	0
0	2	-2
1	-1	1

0	3	-14	16	36	2	10	5
3	-14	-19	20	20	34	15	8
-2	-16	5	27	6	11	41	18
-3	-16	12	36	-3	-12	31	24
-6	-3	5	36	-7	-10	29	23
-6	-7	17	33	-15	-1	36	16
-4	-22	22	15	-2	24	17	14
0	-14	-24	29	20	8	24	0

图 2.17　使用多个卷积过滤器来增加图像的处理

随着训练的进行，过滤器在提取图像特征中发挥作用。例如，每个过滤器都有一个作用，既有处理垂直线、水平线、对角线的过滤器，也有处理圆形的过滤器。需要多个过滤器才能得到图像的众多特征。在图 2.17 的示例中，使用了三个过滤器，并将图像分为三个，该过滤器的编号称为通道数。这样一来，可以通过对一个图像使用多个过滤器来增加图像数量。

在卷积神经网络中，写入此过滤器的值会通过训练自动进行更改。

2.6.2　激活函数

卷积后，将对每个像素用激活函数进行处理。例如，在使用如图 2.14 所示的过滤器处理后的输出数据中，如果使用经常用于深度学习的 ReLU 函数，则结果如图 2.18 所示。这里将设为 0 的部分（原来小于 0 的部分）的颜色进行高亮显示。

通过同样的方法对所有元素使用激活函数进行处理。

图 2.18　通过激活函数进行处理

2.6.3　池化

池化具有缩小图像的功能。有多种类型的池化，我们将对具有代表性的最大池化进行说明。

最大池化的计算方法如图 2.19 所示，它能筛选过滤器中的最大数值。图 2.19 中使用了 2×2 的过滤器，称为池化大小 2。当进行池化时，仅对过滤器范围内的部分进行移位处理。得到的输出只有最大值的集合，如图 2.19 所示。

除了最大池化外，还有以下池化。

❑ 平均池化

❑ 空间金字塔（spacial pyramid）池化

❑ 感兴趣区域（Region of Interest，ROI）池化

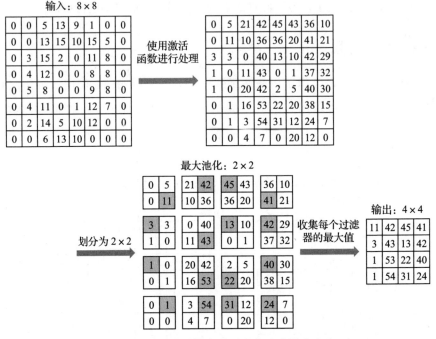

图 2.19   最大池化计算方法（池化过滤器大小为 2）

2.6.4   执行

代码列表 2.7 展示了一个使用卷积神经网络对手写数字进行分类的程序。与代码列表 2.5 的区别是神经网络的结构差异和创建训练数据的方法差异。

代码列表 2.7   通过卷积神经网络的 MNIST：MNIST_CNN.py 的一部分

```
1   class MyChain(chainer.Chain):
2       def __init__(self):
3           super(MyChain, self).__init__()
4           with self.init_scope():
5               self.conv1=L.Convolution2D(1, 16, 3, 1, 1)  # 第 1 个卷积层
                    （16 个通道）
6               self.conv2=L.Convolution2D(16, 64, 3, 1, 1)  # 第 2 个卷积层
                    （64 个通道）
7               self.l3=L.Linear(256, 10)  # 用于分类
8       def __call__(self, x):
```

```
 9        h1 = F.max_pooling_2d(F.relu(self.conv1(x)), 2, 2) # 最大池化为 2×2,
          激活函数为 ReLU
10        h2 = F.max_pooling_2d(F.relu(self.conv2(h1)), 2, 2)
11        y = self.l3(h2)
12        return y
13
14   epoch = 20
15   batchsize = 100
16
17   # 创建数据
18   digits = load_digits()
19   data_train, data_test, label_train, label_test = train_test_split(digits.data,
     digits.target, test_size=0.2)
20   data_train = data_train.reshape((len(data_train), 1, 8, 8)) # 更改为 1×8×8 的
     矩阵
21   data_test = data_test.reshape((len(data_test), 1, 8, 8))
```

这里仅说明与代码列表 2.5 不同的部分，首先是神经网络的结构。

1. 神经网络的结构

神经网络的结构类似于图 2.13，区别在于过滤器的数量。

首先列出代码列表 2.7 的第 5 行。

```
5   self.conv1=L.Convolution2D(1, 16, 3, 1, 1)  # 第 1 个卷积层
    (16 个通道)
```

Convolution2D 的参数如下所示。

❏ 第 1 个参数：输入通道数（灰度图像时为 1，彩色图像时为 3）

❏ 第 2 个参数：输出通道数

❏ 第 3 个参数：过滤器大小

❏ 第 4 个参数：步长

❏ 第 5 个参数：填充大小

也就是说，在 conv1 中，将步长和填充大小设置为 1，使用 16 个 3×3 过滤器。这种情况下，由一个图像使用过滤器得到 16 个图像。这些图像的大小与原始图像大小相同。

此外，也可以按如下所示进行编写。

```
5  L.Convolution2D(in_channels=1, out_channels=16, ksize=3, stride=1, pad=1)
```

接下来，在第 6 行中使用了 64 个过滤器。首先将 16 个图像合并为一个图像（将它们全部叠加在一起）。通过使用 64 个过滤器，最终可获得 64 个图像。

```
6  self.conv2=L.Convolution2D(16, 64, 3, 1, 1) # 第 2 个卷积层
   （64 个通道）
```

最后，在第 7 行中，使用如图 2.13 中所示的神经网络，将结果分为 10 种类型（也称为"类"）。这里的数字 256 很重要，在说明池化的概念之后，我们将展示如何得到该数字。

```
7  self.l3=L.Linear(256, 10) # 用于分类
```

在第 9 行进行池化设置。

```
9  h1 = F.max_pooling_2d(F.relu(self.conv1(x)), 2, 2) # 最大池化为 2×2，
   激活函数为 ReLU
```

max_pooling_2d 的参数如下所示。

❏ 第 1 个参数：输入数据
❏ 第 2 个参数：过滤器大小
❏ 第 3 个参数：步长

通过卷积计算后，用 ReLU 函数进行处理，并通过最大池化函数（max_pooling_2d）将图像缩小。在最大池化的情况下，经常使用保持过滤器大小和步长相同的方法。此外，也可以按如下所示进行编写。

```
9  h1 = F.max_pooling_2d(F.relu(self.conv1(x)), ksize=2, stride=2)
```

最后，在第 11 行计算神经网络的输出，并将此输出分为 10 种类型（也称为 10 类）。

```
11   y = self.l3(h2)
```

这里展示用于确定 l3 时所用的数字 256 的求法。输入图像的大小以及用于卷积和池化的大小如下所示。

- ❑ 输入图像大小：8
- ❑ 卷积过滤器大小：3
- ❑ 填充大小：1
- ❑ 步长：1
- ❑ 池化过滤器大小：2

该处理进行 2 次。

首先，图像大小在第 1 次卷积中不变，即图像大小为 8。接下来在第 1 次池化中大小更改为 4。

随后即使进行第 2 次卷积，图像大小也不会改变，即图像大小仍为 4。接下来在第 2 次池化中大小更改为 2。这里使用了 64 个过滤器。

由上可计算出 $2 \times 2 \times 64 = 256$。

2. 如何创建输入数据

代码列表 2.7 与代码列表 2.5 的另一个区别是如何创建输入数据。手写数字数据是 64 维的 1 列向量，要将其转换为 $1 \times 8 \times 8$ 的向量（矩阵），以便可以通过卷积神经网络对其进行处理，因此请执行以下操作。对于 Chainer，图像必须是通道数 × 高度 × 宽度的 3 维矩阵。

```
20   data_train = data_train.reshape((len(data_train), 1, 8, 8)) # 更改为
     1×8×8 的矩阵
```

2.7　一些技巧

深度学习的用法我们已经大概讲清楚了，但是仍需要一些技巧来将其熟练掌握。因此，在本节中，我们将介绍一些一般认为容易遇到的问题的解决方

案。2.7.1 节至 2.7.4 节修改了代码列表 2.1 中所示的 or.py，而 2.7.5 节修改了 2.6 节中所示的 MNIST_CNN.py。

2.7.1 读取文件数据

使用的程序 or_file.py

在这里，我们介绍一个从文件中读取训练数据的方法。如代码列表 2.8 所示，将 OR 的输入输出关系写入 test.txt 文件，并从该文件中读取。

代码列表 2.8 用于训练和测试的 OR 文件：test.txt

```
0 0 0
0 1 1
1 0 1
1 1 1
```

相对于代码列表 2.1 的更改，见代码列表 2.9。

代码列表 2.9 从文件读取：or_file.py 的一部分

```
 1  (更改前)
 2  trainx = np.array(([0,0], [0,1], [1,0], [1,1]), dtype=np.float32)
 3  trainy = np.array([0, 1, 1, 1], dtype=np.int32)

 1  (更改后)
 2  #创建数据
 3  with open('test.txt', 'r') as f:
 4      lines = f.readlines()
 5
 6  data = []
 7  for l in lines:
 8      d = l.strip().split()
 9      data.append(list(map(int, d)))
10  data = np.array(data, dtype=np.int32)
11  trainx, trainy = np.hsplit(data, [2])
12  trainy = trainy[:, 0]  #降维
```

2.7.2　使用训练模型

使用的程序 or_model.py

我们将介绍训练后该模型的使用方法。虽然在 2.3 节中进行了展示，但是在这里再次进行总结。首先，必须完成训练并创建好模型文件。可以通过去除 or.py 中第 58 行的注释符并将其执行来创建训练模型。

```
58  chainer.serializers.save_npz('result/out.model', model)
```

使用训练后的模型时，需要编写与训练后的神经网络完全相同的结构。此外，使用 predictor 函数对学习模型输出的结果进行分类。

到神经网络的结构为止，目前的程序是相同的，此后的变化如列表 2.10 所示。代码列表 2.10 修改了输入数据。有标签数据由于不需要而被删除，并且显示了要分类的部分。第 11 行对于分类很重要。首先，用 predictor 函数对输入（x）进行分类，将结果放入 softmax 函数中，并分类为 0 ~ 9 之间的数字。

代码列表 2.10　使用模型修改输入数据：or_model.py 的一部分

```
1    (到神经网络的结构为止代码是相同的)
2    # 创建数据
3    test = np.array(([0,0], [0,1], [1,0], [1,1], [0.7,0.8], [0.2,0.4], [0.9,0.2]),
     dtype=np.float32)
4
5    # 定义神经网络
6    model = L.Classifier(MyChain(), lossfun=F.softmax_cross_entropy)
7    chainer.serializers.load_npz('result/out.model', model)
8    # 训练结果评估
9    for i in range(len(test)):
10       x = chainer.Variable(test[i].reshape(1,2))
11       result = F.softmax(model.predictor(x))
12       print('input: {}, result: {}'.format(test[i], result.data.argmax()))
```

执行结果如终端输出 2.5 所示，可以看到它可以识别 0.7 等数字。

终端输出 2.5 or_model.py 的执行结果

```
input: [0. 0.], result: 0
input: [0. 1.], result: 0
input: [1. 0.], result: 1
input: [1. 1.], result: 1
input: [0.7 0.8], result: 1
input: [0.2 0.4], result: 0
input: [0.9 0.2], result: 1
```

2.7.3 重启训练

使用的程序 or_restart.py

本节将展示如何从中途重启训练。虽然在 2.3 节中进行了说明，但在本节再次进行总结。首先，必须在中途结束训练后制作用于重启的快照。重启训练的快照可以通过去除 or.py 的第 53 行的注释符，并将其执行来得到。

53 trainer.extend(extensions.snapshot(), trigger=(100, 'epoch')) #输出用于重启
    训练的快照

在这种情况下，每 100 个 epoch 保存一次快照。

生成快照后，可以通过去除第 54 行的注释符并将其执行，来从中途重启训练。这时，你可以从第 500 个 epoch 开始重启。

54 chainer.serializers.load_npz('result/snapshot_iter_500', trainer) #重启

2.7.4 检查权重

使用的程序 or_w.py

我们将介绍如何在训练结束时检查链接权重。首先，需要完成训练并创建模型文件。可以通过去除 or.py 的第 58 行的注释符并将其执行以创建训练模型。

58 chainer.serializers.save_npz('result/out.model', model)

代码列表 2.11 显示了一个程序，使用该程序将权重输出到终端。

代码列表 2.11　检查权重：or_w.py 的一部分

```
1   #定义神经网络
2   chainer.serializers.load_npz('result/out.model', model)
3
4   print (model.predictor.l1.W.data) #节点权重
5   print (model.predictor.l1.b.data) #偏置权重
```

执行此命令后输出结果如终端输出 2.6 所示，权重顺序如下所示。

```
[[w11 w21]
 [w12 w22]
 [w13 w23]]
[b1 b2 b3]
```

终端输出 2.6　or_w.py 的执行结果

```
[[ 0.43744656  0.78522617]
 [-0.9432815   0.21682075]
 [ 0.81308144 -0.3283414 ]]
[0. 0. 0.]
```

2.7.5　从文件中读取手写数字

使用的程序　MNIST_CNN_File.py

我们将介绍如何使用训练模型对自己手写输入的数字进行分类。

首先展示如何将使用绘图软件等编写的字符保存到文件中，并将其用作输入。用它读取数据需要一些方法，但这与 2.7.1 节和 2.7.2 节中的方法类似。

如果要创建数据，请使用诸如绘图之类的软件创建一个垂直和水平方向上像素数相同的新图像，并大写数字。使用 0.png 之类的名称进行保存，在 MNIST_CNN_File.py 所在的目录中创建一个名为 number 的目录，并将图像放置在该目录中。

到神经网络的结构为止的代码部分基本相同，此后的代码改动如代码列

表 2.12 所示。

代码列表 2.12 使用文件中的手写数字作为输入数据：MNIST_CNN_File.py 的一部分

```
1   # 定义神经网络
2   model = L.Classifier(MyChain(), lossfun=F.softmax_cross_entropy)
3   chainer.serializers.load_npz('result/CNN.model', model)
4
5   #从文件加载图像
6   img = Image.open('number/2.png')
7   img = img.convert('L') # 灰度转换
8   img = img.resize((8, 8)) #调整为 8×8
9
10  img = 16.0 - np.asarray(img, dtype=np.float32) / 16.0 #黑白反转,
    归一化为 0 ～ 16, 数组化
11  img = img[np.newaxis, np.newaxis, :, :] # 转换为 4 维矩阵
    (1×1×8×8, 批量数 × 通道数 × 垂直 × 水平)
12  x = chainer.Variable(img)
13  y = model.predictor(x)
14  c = F.softmax(y).data.argmax()
15  print(c)
```

在执行代码列表 2.12 之前，执行 MNIST_CNN.py 以完成训练并创建模型文件。然后运行代码列表 2.12，可以看到输出结果如终端输出 2.7 所示，但是得到的图像分辨率不是很高。

终端输出 2.7 MNIST_CNN_File.py 的执行结果

```
2
```

那么对于深度学习，你是否有了基本了解？在第 3 章中，让我们学习强化学习，这是学习深度强化的另一个支柱。

CHAPTER 3

第 3 章

强化学习

3.1 什么是强化学习

本章将介绍深度强化学习的另一个支柱，强化学习。如第 1 章所述，强化学习是机器学习的一种，用于解决诸如只需通过确定状态好坏并自动学习该过程来获得更适当的操作之类的问题。在本章中，我们将通过解决老鼠学习问题和倒立摆问题来学习强化学习。

要掌握本书的主题"深度强化学习"，就需要了解强化学习和深度学习。强化学习具有其他大多数机器学习方法所没有的半监督学习的优势。因此，我们首先要说明半监督学习。

深度学习和强化学习都是机器学习大框架下的一部分。其他名称中不包含"学习"的数据挖掘的方法（如主成分分析等），也同样被视为机器学习的一部分。

机器学习可以分为三种类型，"有监督学习""无监督学习""半监督学习"，如表 3.1 所示。

表 3.1　机器学习的类型（示例）

机器学习分类	主要方法
有监督学习	神经网络、支持向量机（SVM）、决策树、条件随机场（CRF）
无监督学习	主成分分析、聚类分析、自组织映射（SOM）、k 均值、潜在 Dirichlet 分配法（LDA）、自编码器
半监督学习	强化学习、变分自编码器

3.1.1 有监督学习

有监督学习是一种对所有输入数据使用已设定好的答案（有标签数据）进行训练的方法。

例如，对狗和猫的图片进行训练和分类。通过某种方法收集狗和猫的图片 [⊖]，并将它们放入"狗"和"猫"的对应目录中。然后，通过从每个目录提取数据并将其用作训练的输入，就会变成已知答案（是狗还是猫）的图片，并与其他答案一同进行训练。

3.1.2 无监督学习

无监督学习是一种通过计算每种方法中的重要元素来自动分类输入数据的方法。与有监督学习不同，它的特点是仅使用不体现任何答案的数据作为输入数据。

例如，在聚类分析的情况下，计算数据距离（如每个元素之间的平方差之和），并将距离接近的数据归为同一类别。在主成分分析中，通过关注数据的变化并按降序排列来显示趋势。

3.1.3 半监督学习

半监督学习虽然没有给出明确的"答案"，但它可以根据通过某种训练后的模型是否进展顺利的信息，来进行训练。利用小规模有标签数据和大规模无标签数据一同进行训练的方法也称为半监督学习。这里我们将介绍强化学习。

强化学习是一种如果满足一定条件，则获得奖励，并且不指定获取奖励过程的方法。之所以这样命名，是因为人类只决定这种奖励，但并不提供所有答案。

例如，当考虑第 1 章中图 1.1 所示的太空侵略者时，不可能从一开始就为所有行动准备答案。所有答案包括许多行动，例如考虑在游戏开始后的 0.1 秒以内，将炮塔向左、向右移动，在移动时发射导弹等。在所有的时间点上，我

⊖ 该工作基本上由人类完成。

们都会给出一个"好"或"坏"的答案，而事先对这些行动给出答案是不现实的。此外，当给出所有答案时，它只会执行人类想进行的行动。

另外，要设置一个负奖励（惩罚），表示不能被入侵者导弹击中，还要设置一个正奖励（奖赏），即希望击沉入侵者战舰。强化学习通过找到减少负奖励并增加正奖励的行动来实现其目的，有时它甚至会自动找到人类想不到的答案。

3.2　强化学习原理

本节目标　了解 Q 学习的原理

强化学习的类型多种多样，但在这里我们仅介绍 Q 学习，因为它相对容易实现并且易于引入深度强化学习中。

首先，我们先展示其原理，之后再进行详细说明。以下四个关键词在 Q 学习中很重要。通常分别用右边的变量来进行表示。

- ❑　状态：s_t
- ❑　行动：a
- ❑　奖励：r
- ❑　Q 值：$Q(s_t,a)$

尽管编写 Q 学习的代码有些困难，但是在 Q 学习中，每次采取行动都会更改 Q 值，以获取目标 Q 值。可以通过式（3.1）获取 Q 值。注意，α 和 γ 是预先设置的常数。

$$Q(s_t,a) \leftarrow (1-\alpha)Q(s_t,a) + \alpha(r + \gamma \max Q) \tag{3.1}$$

这个式（3.1）是 Q 学习中最重要的一点，但可能暂时难以理解它。之后我们将使用一个示例来求解此方程，随后对其编程以进行实操学习。

3.3　通过简单的示例来学习

本节目标　将问题描述为状态转换图

强化学习中经常使用的示例是迷宫搜索问题和老鼠学习问题（斯金纳箱），我们在第 1 章中对这些问题进行了简要描述。老鼠学习问题比迷宫搜索问题更容易讨论。在本书中，我们以老鼠学习问题为例，并使用强化学习和深度强化学习来编写程序。另外，用机器人实现强化学习时也用到老鼠学习问题。虽然它很简单，但十分适用于说明。

尽管在第 1 章中已展示了老鼠学习问题，我们在此再复习一遍。

老鼠学习问题（再次说明）

箱子里只有一只老鼠。

箱子里有一个带有两个按钮的自动售货机，自动售货机上有一个指示灯。每次按下图 1.5 中（见第 1 章）左侧的按钮（电源按钮），自动售货机的电源便会重复 ON 和 OFF 状态。当自动售货机的电源接通时，指示灯点亮。只有在电源接通时，按下右键（产品按钮）才会出现老鼠喜欢的食物。

那么，老鼠可以学习正确按下按钮的顺序吗？

此问题将用状态转换图进行表示，让我们来稍微整理一下这个问题。老鼠可以执行两种行动：按下电源按钮和产品按钮。这里不考虑什么行动都不采取的情况。于是自动售货机状态有两种：电源状态为 ON 或 OFF。

在图 3.1 所示的状态转换图中，状态用圆圈表示，而由行动引起的状态转换用箭头表示。例如，可以看到如果在电源为 OFF "状态"时采取按下电源按钮的"行动"，则电源将转换为 ON "状态"。

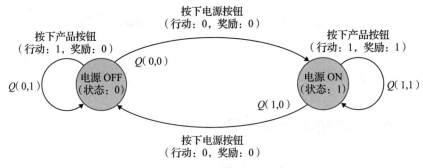

图 3.1   老鼠学习问题的状态转换图

3.4 应用到 Q 学习问题中

本节目标 能够手动处理简单的 Q 学习

使用图 3.1 中的状态转换图将老鼠学习问题应用到 Q 学习问题中。在 Q 学习中，我们提到的四个关键词"状态""行动""奖励"和"Q 值"很重要。我们将说明每种状态和行动是什么，并展示如何用数字表示每种状态和动作，每种状态和行动都是针对老鼠学习问题而定制的。随后，我们再说明奖励和 Q 值。

3.4.1 状态

老鼠学习问题有两种状态，如图 3.1 中的圆圈所示。在这里，电源为 OFF（图中左侧）的状态表示为数字 0，此时，$s_t = 0$。此处 s 的下标 t 表示时间，暂时不用管它的含义，我们先继续往下讲。如果电源为 ON（图中右侧），则状态表示为 1，此时的 $s_t = 1$。

3.4.2 行动

共有两种行动：按下电源按钮和按下产品按钮。按下电源按钮的行动用数字表示为 0，即 $a = 0$，按下产品按钮的行动则表示为 $a = 1$。

3.4.3 奖励

如图 3.1 所示，只有在电源 ON 的"状态"时按下产品按钮才能获得奖励。获得奖励时，在式（3.1）中设置 $r = 1$。否则，$r = 0$，且不给予奖励。是否有奖励的这一部分就是所谓的半监督学习。

将获得的奖励信息写入 Q 值，并重复进行此操作，以了解在电源为 OFF 时按下电源按钮的情况。如果这是有监督学习，那么令电源为 ON 的行动也必须得到奖励。Q 学习的优点是只需要奖励它所期望的行动即可。

3.4.4 Q 值

Q 值（$Q(s_t,a)$）是在状态 s_t 下采取行动 a 的期望价值，表示是否倾向于选择该行动。将其应用于老鼠学习问题时，就比较形象了。由于只有两种状态和两种行动，因此有四个 Q 值，可以将它们的意义一一进行说明。

❑ $Q(0,0)$：当状态 $s_t = 0$（电源 OFF）时，行动 $a = 0$（按下电源按钮）

❑ $Q(0,1)$：当状态 $s_t = 0$（电源 OFF）时，行动 $a = 1$（按下产品按钮）

❑ $Q(1,0)$：当状态 $s_t = 1$（电源 ON）时，行动 $a = 0$（按下电源按钮）

❑ $Q(1,1)$：当状态 $s_t = 1$（电源 ON）时，行动 $a = 1$（按下产品按钮）

到目前为止，我们已经掌握了状态、行动、奖励和 Q 值的含义。接下来，我们将说明 Q 值的更新。

作为初始状态，请考虑所有 Q 值均为 0 的情况，如表 3.2 所示。

表 3.2   执行第 1 种行动时 Q 值的更新

Q 值 $Q(s_t,a)$	更新前的值	在状态 0 下执行行动 0 时的更新值
$Q(0,0)$	0	0
$Q(0,1)$	0	0
$Q(1,0)$	0	0
$Q(1,1)$	0	0

如上所述，Q 值是表示选择该行动的优劣程度的值，并且在多数情况下，老鼠选择具有最高 Q 值的行动。如果多个 Q 值相同，则会进行随机选择。

让我们考虑处于状态 0（电源 OFF）时采取行动 0（按下电源按钮）后 Q 值的变化。注意，式（3.1）中的 α 和 γ 暂时分别为 0.5 和 0.9。

将这些值代入式（3.1）可得到式（3.2）。从图 3.1 可以看出，假设在电源 OFF 的情况下执行行动 0 时没有任何奖励，因此 $r = 0$，即 $Q(0,0)$ 的 Q 值为 0。

$$Q(0,0) \leftarrow (1-0.5)Q(0,0)+0.5\times(0+0.9\max Q) \qquad (3.2)$$

那么剩下的唯一未知值是 $\max Q$。$\max Q$ 表示经过行动转换后，先前状态下的最大 Q 值。在此示例中，发生了行动 0（按下电源按钮），因此转换为状态 1（电源 ON）。换句话说，这是在状态 1 中能搜索到的最大 Q 值，但由于 $Q(1,0)$ 和 $Q(1,1)$ 均为 0（如表 3.2 所示），因此 $\max Q$ 在此处为 0。

将这些值代入式（3.3），结果 $Q(0,0)$ 保持不变。

$$Q(0,0) \leftarrow (1-0.5) \times 0 + 0.5 \times (0 + 0.9 \times 0) = 0 \qquad (3.3)$$

接下来，假设在状态 1（电源 ON）下执行了行动 1（按下产品按钮）。在这种情况下，如图 3.1 所示获得奖励，因此 $r = 1$。并且由于状态不变，因此下一个状态也是 1。当达到以下状态时，$\max Q$ 是最大的 Q 值，但是由于 $Q(1,0)$ 和 $Q(1,1)$ 均为 0，因此 $\max Q$ 也为 0。

当将这些值带入计算中时，得到式（3.4），并且 Q 值为 0.5。

$$Q(1,1) \leftarrow (1-0.5) \times 0 + 0.5 \times (1 + 0.9 \times 0) = 0.5 \qquad (3.4)$$

Q 值的变化如表 3.3 所示。

表 3.3　执行第 2 种行动时 Q 值的更新

Q 值 $Q(s_t, a)$	更新前的值	在状态 1 下执行行动 1 时的更新值
$Q(0,0)$	0	0
$Q(0,1)$	0	0
$Q(1,0)$	0	0
$Q(1,1)$	0	0.5

根据问题的设置，可以让状态一直保持为 1，但是在本次示例中，我们假设在获得奖励后将返回初始状态。初始状态就是电源 OFF。而在 3.5 节所示的 skinner.py 程序中，不会如上所述获得奖励后立即返回初始状态，而是通过按 5 次按钮将其返回到初始状态。

和之前一样，在状态 0（电源 OFF）下执行行动 0（按下电源按钮）时，请考虑 Q 值的变化。而不同之处在于 $Q(1,1)$ 不再为 0。由于 $\max Q$ 是 $Q(1,0)$ 和 $Q(1,1)$ 中的较大值，因此 $\max Q$ 值为 0.5。

由此算出式（3.5）。

$$Q(0,0) \leftarrow (1-0.5)\times 0 + 0.5\times(0+0.9\times 0.5)=0.225 \qquad （3.5）$$

结果得到的 Q 值如表 3.4 所示。

表 3.4　执行第 3 种行动时的 Q 值更新

Q 值 $Q(s_t,a)$	更新前的值	状态 0 下执行行动 0 时的更新值
$Q(0,0)$	0	0.225
$Q(0,1)$	0	0
$Q(1,0)$	0	0
$Q(1,1)$	0.5	0.5

后续还可以继续学习，我们就在这里结束学习。表 3.5 显示了此时的
Q 值。

表 3.5　结束学习时的 Q 值

Q 值 $Q(s_t,a)$	值
$Q(0,0)$	0.225
$Q(0,1)$	0
$Q(1,0)$	0
$Q(1,1)$	0.5

让我们来确认老鼠是如何行动的。

首先，老鼠处于状态 $s_t = 0$。此时，将执行 $Q(0,0)$ 和 $Q(0,1)$ 中 Q 值较大的
行动。如表 3.5 所示，行动 $a = 0$ 具有较大的 Q 值，因此执行了行动 0（按下电
源按钮）。转换为状态 1 后，将执行 $Q(1,0)$ 和 $Q(1,1)$ 中 Q 值较大的行动，因此
执行行动 1（按下产品按钮）。老鼠能够毫不犹豫地打开电源并执行选择按下产
品按钮的行动。

Q 学习中还有另一个重要的操作就是随机行动。在刚才的操作中，老鼠
得到了依次按下电源按钮和产品按钮的行动，但是必须以一定的概率进行随机
操作。例如，即使电源状态为 OFF，老鼠也有按下产品按钮的行动。ε-greedy
算法通常用于使其进行随机操作。这需要针对深度强化学习和 Q 学习进行设
置。这是一项重要的操作，因为可以通过随机操作偶然发现比以前更有效的
行动。

3.5　使用 Python 进行训练

本节目标 用 Python 解决简单的 Q 学习问题

使用的程序 *skinner.py*

在本节中，老鼠学习问题由 Python 程序实现。通过编写一个简单的程序来解释 Q 学习的机制。然后，我们将该机制应用到以下程序的编写中。

3.5.1　运行程序

我们先运行该程序，稍后再进行说明。可以通过在含有 skinner.py 的目录中执行以下命令来进行训练。3.4 节的示例中，获得奖励后电源状态立即变为 OFF 并返回到初始状态，但是在此程序中，执行 5 次行动后，才能使电源为 OFF 以返回到初始状态。

❑ Windows（Python 2 系列和 Python 3 系列）、Linux、Mac、RasPi（Python 2 系列）环境中：

```
$ python skinner.py
```

❑ Linux、Mac、RasPi（Python 3 系列）环境中：

```
$ python3 skinner.py
```

上述程序的执行结果如终端输出 3.1 所示。

终端输出 3.1　skinner.py 的执行结果

```
0 0 0
1 0 0
0 1 0
0 1 0
0 1 0
episode : 1 total reward 0
[[0. 0.]
```

```
  [0. 0.]]
0 0 0
1 0 0
0 0 0
1 1 1
1 0 0
episode : 2 total reward 1
[[0.   0.  ]
 [0.   0.5]]
0 0 0
1 1 1
1 1 1
1 1 1
1 1 1
episode : 3 total reward 4
[[0.225     0.       ]
 [0.        2.26219063]]
（以下省略）
```

输出结果中连续 5 行的每一行都排列了 3 个数字，数字为 0 或 1，左侧的数字显示状态，中间的数字显示行动，右侧的数字显示奖励，5 行表示 5 次行动的历史记录。每个 episode 之后，显示将 5 次行动视为一个回合时的回合数，并且在 reward 之后，显示 5 次行动获得的总奖励。每次取得食物只给予一个奖励。此外，执行 5 次行动后的最高奖励为 4，因为在第一次行动中必须按下电源按钮，令 $\alpha = 0.5$，$\gamma = 0.9$。

episode 和 reward 代码行之后的 2×2 矩阵显示每个回合结束时的 Q 值，其排列顺序如下。

```
[[Q(0,0), Q(0,1)]
 [Q(1,0), Q(1,1)]]
```

查看终端输出 3.1，可以发现，因为在第 1 个回合中执行了以下行动，所以无法获得奖励，因此 Q 值保持为 0。

❑ 第 1 次行动：电源 OFF 时按下电源按钮

❑ 第 2 次行动：电源 ON 时按下电源按钮

❑ 第 3 次行动：电源 OFF 时按下产品按钮

❑ 第 4 次行动：电源 ON 时按下产品按钮

❑ 第 5 次行动：电源 OFF 时按下产品按钮

在第 2 个回合中，第 4 次行动后将获得报酬。在第 4 次行动中，根据下式 $Q(1,1)$ 变为 0.5。

$$(1-0.5)\times 0+0.5\times(1+0.9\times 0)=0.5$$

在第 3 个回合中，第 1 次行动时由于无意按下了电源按钮而更新了 Q 值，在第 2 次及后续行动中，通过按下产品按钮获得了奖励。

若使用等式表示这一点，则在第 1 次行动中 $Q(0,0)$ 的更新如下所示：

$$(1-0.5)\times 0+0.5\times(0+0.9\times 0.5)=0.225$$

在第 2 次行动中，$Q(1,1)$ 的更新如下：

$$(1-0.5)\times 0.5+0.5\times(1+0.9\times 0.5)=0.975$$

同样，在第 3 ～ 5 次行动中的更新如下：

$$(1-0.5)\times 0.975+0.5\times(1+0.9\times 0.975)=1.426\,25$$
$$(1-0.5)\times 1.426\,25+0.5\times(1+0.9\times 1.426\,25)=1.854\,937\,5$$
$$(1-0.5)\times 1.854\,937\,5+0.5\times(1+0.9\times 1.854\,937\,5)=2.262\,190\,625$$

3.5.2　说明程序

接下来我们来说明该程序。程序如代码列表 3.1 所示。

代码列表 3.1　老鼠学习问题中的 Q 学习：skinner.py

```
1  # coding:utf-8
2  import numpy as np
3
4  def random_action():
5      return np.random.choice([0, 1])
6
```

```
7  def get_action(next_state, episode):
8      epsilon = 0.5 * (1 / (episode + 1)) #逐渐只执行最佳行动的 ε-greedy 算法
9      if epsilon <= np.random.uniform(0, 1):
10         a = np.where(q_table[next_state]==q_table[next_state].max())[0]
11         next_action = np.random.choice(a)
12     else:
13         next_action = random_action()
14     return next_action
15
16 def step(state, action):
17     reward = 0
18     if state==0:
19         if action==0:
20             state = 1
21         else:
22             state = 0
23     else:
24         if action==0:
25             state = 0
26         else:
27             state = 1
28             reward = 1
29     return state, reward
30
31 def update_Qtable(q_table, state, action, reward, next_state):
32     gamma = 0.9
33     alpha = 0.5
34     next_maxQ=max(q_table[next_state])
35     q_table[state, action] = (1 - alpha) * q_table[state, action] +\
36             alpha * (reward + gamma * next_maxQ)
37
38     return q_table
39
40 max_number_of_steps = 5 #1 次试验中的 step 数
41 num_episodes = 10        #试验总数
42 q_table = np.zeros((2, 2))
43
44 for episode in range(num_episodes):  #按试验次数重复进行
45     state = 0
46     episode_reward = 0
47
```

```
48     for t in range(max_number_of_steps):    ＃1 次试验的循环
49         action = get_action(state, episode) # a_{t+1}
50         next_state, reward = step(state, action)
51         print(state, action, reward)
52         episode_reward += reward   ＃增加奖励
53         q_table = update_Qtable(q_table, state, action, reward, next_state)
54         state = next_state
55
56     print('episode : %d total reward %d' %(episode+1, episode_reward))
57     print(q_table)
```

该程序的流程图如图 3.2 所示。

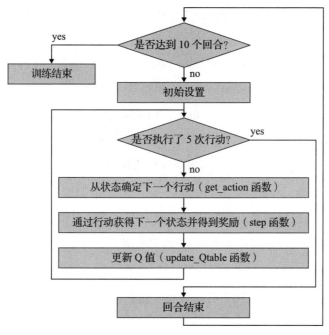

图 3.2　程序流程图

首先，通过初始设置确定初始状态。接下来，从当前状态决定行动（get_ action 函数）。之后，通过行动改变状态（step 函数）。然后，从执行行动之前的状态、执行行动之后的状态、行动和奖励来更新 Q 值（update_Qtable 函数）。重复此过程 5 次以完成 1 个回合。

这里有 4 个重要函数。其中 3 个是流程图中的函数，另一个是随机行动的函数。它们在实际应用 Q 学习时相当重要，我们将逐一进行说明。

1. get_action 函数

get_action 函数用于确定下一个行动，基本上会选择一个具有较高 Q 值的行动。但是，如果始终选择相同的行动，则不会搜索到更佳的行动。因此，需要一种机制来随机决定行动。在此，采用ε-greedy 算法作为随机机制。

首先，用 0.5 * (1 / (episode + 1)) 计算用于 ε-greedy 算法的 epsilon。开始的时候 episode 变量为 0，因此 epsilon 为 0.5。随着回合的进展，episode 变量增加，epsilon 减小。我们通过改变 epsilon 使得随机行动逐渐难以被执行。

为此，使用 np.random.uniform (0, 1) 生成一个 0 ~ 1 的随机数，如果该随机数等于或大于 epsilon，则决定执行最大 Q 值的行动。如果存在具有相同 Q 值的行动，则会随机选取。相反，如果随机数小于 epsilon，则从所有可选行动中随机选择下一个行动。换句话说，如果 epsilon 为 0.5，则有 50% 的概率根据 Q 值执行行动，有 50% 的概率执行随机的行动。

2. step 函数

用 step 函数根据当前状态和行动确定下一个状态并获得奖励。这里的状态与图 3.1 中的行动之间的关系由 if 语句确定。

3. update_Qtable 函数

update_Qtable 函数用于更新 Q 值。更新方法与式（3.1）相同。

4. random_action 函数

老鼠的行动是 0 或 1，因此使其产生随机行动的函数 random_action 是返回值为 0 或 1 的函数。虽然只有 0 和 1 两个值，但这个函数也需要在深度强化学习中进行设置。

3.6　基于 OpenAI Gym 的倒立摆

本节目标 用 Python 解决稍微复杂的 Q 学习问题

使用的程序 cartpole.py

倒立摆是一种用机器将"扫帚"倒置以使其平衡的操作（如图 1.2 所示）。

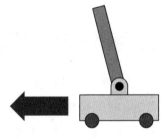

为了使机器能够正常工作，请如图 3.3 所示安装杆，使其可在手推车上自由旋转，然后前后移动手推车以使安装在手推车上的杆保持平衡状态。在图 3.3 中，杆向左倾斜，因此需要将手推车向左加速以使其保持平衡。通过解运动方程，倒立摆可以相当准确地模拟实际运动。

图 3.3　倒立摆的概念图

我们将只使用 OpenAI Gym 的手推车和杆的活动部分进行训练。使用此库可以轻松展示倒立摆，如图 3.4 所示。在第 1 章中安装 ChainerRL 时，还要同时配置用于运行 OpenAI Gym 的环境。

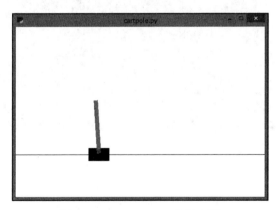

图 3.4　OpenAI Gym 的倒立摆

3.6.1　运行程序

我们先运行该程序，稍后再进行说明。在包含 cartpole.py 的目录中执行以下命令。

❑ Windows（Python 2 系列和 Python 3 系列）、Linux、Mac、RasPi（Python
2 系列）环境中：

```
$ python cartpole.py
```

❑ Linux、MacRasPi（Python 3 系列）环境中：

```
$ python3 cartpole.py
```

每 10 个回合将显示图 3.4 中所示的倒立摆的模拟视频。而当 reward 值达
到 200 时就算是成功，执行结果如终端输出 3.2 所示。一开始的 reward 值小
于 –100，然后逐渐达到 200，500 个回合之后，reward 值连续几次 200。

终端输出 3.2 cartpole.py 的执行结果

```
episode : 0 R : -184.0
episode : 1 R : -183.0
episode : 2 R : -175.0
（中略）
episode : 100 R : 200.0
episode : 101 R : -28.0
episode : 102 R : 200.0
（中略）
episode : 500 R : 200.0
episode : 501 R : 200.0
episode : 502 R : 200.0
```

3.6.2 说明程序

接下来说明该程序。程序如代码列表 3.2 所示。

代码列表 3.2 倒立摆：cartpole.py

```
1  # coding:utf-8
2  import gym
3  import numpy as np
```

```
4   import time
5
6   def digitize_state(observation):
7       p, v, a, w = observation
8       d = num_digitized
9       pn = np.digitize(p, np.linspace(-2.4, 2.4, d+1)[1:-1])
10      vn = np.digitize(v, np.linspace(-3.0, 3.0, d+1)[1:-1])
11      an = np.digitize(a, np.linspace(-0.5, 0.5, d+1)[1:-1])
12      wn = np.digitize(w, np.linspace(-2.0, 2.0, d+1)[1:-1])
13      return pn + vn*d + an*d**2 + wn*d**3
14
15  def get_action(next_state, episode):
16      epsilon = 0.5 * (1 / (episode + 1))
17      if epsilon <= np.random.uniform(0, 1):
18          a = np.where(q_table[next_state]==q_table[next_state].max())[0]
19          next_action = np.random.choice(a)
20      else:
21          next_action = np.random.choice([0, 1])
22      return next_action
23
24  def update_Qtable(q_table, state, action, reward, next_state):
25      gamma = 0.99
26      alpha = 0.5
27      next_maxQ=max(q_table[next_state])
28      q_table[state, action] = (1 - alpha) * q_table[state, action] +\
29              alpha * (reward + gamma * next_maxQ)
30      return q_table
31
32  env = gym.make('CartPole-v0')
33  max_number_of_steps = 200   #1 次试验中的 step 数
34  num_episodes = 1000         #试验总数
35  num_digitized = 6           #离散化分块数
36  q_table = np.random.uniform(low=-1, high=1, size=(num_digitized**4, env.
    action_space.n))
37  #q_table = np.loadtxt('Qvalue.txt')
38
39  for episode in range(num_episodes):  #按试验次数重复
40      #环境初始化
41      observation = env.reset()
42      state = digitize_state(observation)
43      action = np.argmax(q_table[state])
44      episode_reward = 0
```

```
45
46        for t in range(max_number_of_steps):  #1次试验的循环
47            if episode %10 == 0:
48                env.render()
49            observation, reward, done, info = env.step(action)
50            if done and t < max_number_of_steps-1:
51                reward -= max_number_of_steps  #如果杆倒下将受到处罚
52            episode_reward += reward  #增加奖励
53            next_state = digitize_state(observation) #将 t + 1 处的观察状态转换为
                  离散值
54            q_table = update_Qtable(q_table, state, action, reward, next_state)
55            action = get_action(next_state, episode) # a_{t+1}
56            state = next_state
57            if done:
58                break
59        print('episode:', episode, 'R:', episode_reward)
60 np.savetxt('Qvalue.txt', q_table)
```

状态和行动在 Q 学习中很重要。在倒立摆程序中，有两个行动是向手推车的左右方向施加一定的力。进行该行动时，手推车和杆的运动被写入 OpenAI Gym 的倒立摆程序中。我们不会在 OpenAI Gym 中说明倒立摆程序，而是在第 4 章中介绍如何在 OpenAI Gym 中改写程序。

状态取决于手推车的位置和速度、杆的角度和运动的角速度，它们使用 6 个离散值来表示。例如，图 3.5 给出了手推车的位置和杆的角度的划分区域，手推车处于位置 4，而杆处于角度 3。

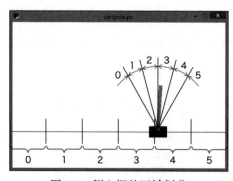

图 3.5　倒立摆的区域划分

　　程序流程图如图 3.6 所示，它几乎与图 3.2 相同。首先，初始化 gym 并确定初始状态和初始行动。接下来，从当前状态决定行动（get_action 函数）。随后根据行动更改状态（env.step 方法）。此时确定下一个状态和奖励。最后根据执行行动之前的状态、执行行动之后的状态、行动和奖励来更新 Q 值（update_Qtable 函数）。

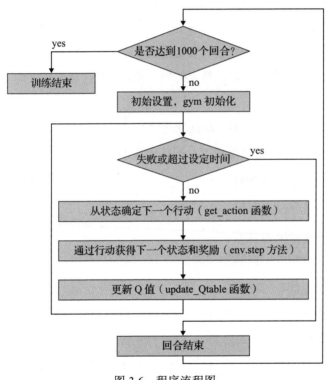

图 3.6　程序流程图

　　这里有 5 个重要的函数和方法。使用 OpenAI Gym 实现 Q 学习非常重要，因此我们将逐一进行说明。其中的 3 个是流程图中的函数和方法，另一个是随机行动的函数，剩下的一个是将连续的状态分为如图 3.5 所示的值为 0 ～ 5 的区域的函数。另外，我们将说明使用 OpenAI Gym 时需要用到的函数。尽管有所不同，但可以看到倒立摆与老鼠学习问题中有许多相似部分。

1. get_action 函数

该函数与老鼠学习问题中的相同。

2. env.step 方法

在讨论老鼠学习问题时，我们运行了自己编写的 step 函数，但是这次使用的 env.step 方法是 OpenAI Gym 提供的函数，得到以下四个返回值。

❑ observation：倒立摆状态（手推车位置、手推车速度、杆的角度、杆的角速度）

❑ reward：如果杆在指定角度范围内，则为 1，否则为 0

❑ done：手推车位置超出指定范围，或是杆超过指定角度则为 false，否则为 true

❑ info：调试用的信息（此处未使用）

检查 done 的状态，如果失败，则结束模拟并从初始状态开始。

3. update_Qtable 函数

该函数与老鼠学习问题的相同。

4. random_action 函数

该函数与老鼠学习问题的相同。

5. digitize_state 函数

由于倒立摆是在连续状态下计算的，因此可以通过将其划分为一定区域来离散化。例如，digitize_state 函数中的变量 p 是手推车的位置，从 –2.4 ～ 2.4 的范围分为 6 个相等的部分，如图 3.5 所示了解手推车处于哪个位置并返回序号。手推车的速度 v、杆的角度 a 和杆的角速度 w 也被离散化，并且根据以下公式计算状态值（序号），以使每个状态的值都不相同。

$$w \times 6^3 + a \times 6^2 + v \times 6 + p$$

例如，在图 3.5 中，$p = 4$，$a = 3$。当 $v = 1$ 且 $w = 2$ 时，状态的序号如下计算。

$$2 \times 6^3 + 3 \times 6^2 + 1 \times 6 + 4 = 550$$

6. OpenAI Gym 需要的其他函数

OpenAI Gym 的初始化如下：

```
32   env = gym.make('CartPole-v0')
```

模拟图像显示如下：

```
48   env.render()
```

3.7   如何保存和加载 Q 值

本节目标 使用训练后得到的 Q 值来重启模拟

使用的程序 cartpole_restart.py 和 cartpole_test.py

接下来展示使用训练后的 Q 值移动倒立摆的方法。首先，在代码列表 3.2
中，Q 值存储在最后一行，以 txt 的文件格式保存。

```
60   np.savetxt('Qvalue.txt', q_table)
```

执行代码后，将生成保存 Q 值的文件（Qvalue.txt）。如果打开该文件，将
看到有 1296 行，每行有 2 个数字。1296（6^4）是状态数。每行的 2 个数字是
向右或向左移动的 Q 值。

接下来，读取写入该 Q 值的文件。这一步可以通过删除第 36 行代码的注
释符来实现（cartpole_test.py）。

```
36   #q_table = np.random.uniform(low=-1, high=1, size=(num_digitized**4, env.
     action_space.n))
37   q_table = np.loadtxt('Qvalue.txt')
```

由于训练是加载保存的 Q 值后再开始的，因此从一开始就能顺利进行训
练。请注意，如果不经改动使用ε-greedy 方法的随机操作，则 epsilon 的值
将变回 0.5，因此有必要调整代码列表 3.2 中第 16 行的计算公式以进行重启

训练。

例如，在代码列表 3.2 中的示例中，存储了经过 1000 个回合后的 Q 值，因此，如果读取 Q 值后按如下所示给 episode 加上 1000，则ε-greedy 的随机操作也将使用经过了 1000 个回合后的 Q 值进行重启（cartpole_restart.py）。

```
16   epsilon = 0.5 * (1 / (episode+1000 + 1))
```

无须继续进行训练，只要确认行动即可时，除了读取上面的 Q 值外，需要注释第 53 行的 update_Qtable 函数，以使 Q 值不被更新。然后将第 16 行的 epsilon 变量设置为 0，以便不会执行随机操作。

CHAPTER 4

第 4 章

深度强化学习

4.1 什么是深度强化学习

在本章中，我们终于要讨论深度强化学习了。深度强化学习是深度学习（第 2 章）和强化学习（第 3 章）的结合。通常可以在 Q 学习这种强化学习方法中引入深度学习，本书主要介绍 Q 学习和深度学习的结合。

深度学习也称为深层学习，它是加强的神经网络。将它与 Q 学习结合在一起，称为深度 Q 网络，通常缩写为 DQN（Deep Q-Network）。深度 Q 网络是通过在 Q 学习中引入深度学习思想而得到的，本书将对其进行说明。只要掌握了深度学习和 Q 学习的概念，那么理解深度 Q 网络的原理就不那么困难。Q 学习和深度强化学习的概念如图 4.1 和图 4.2 所示。

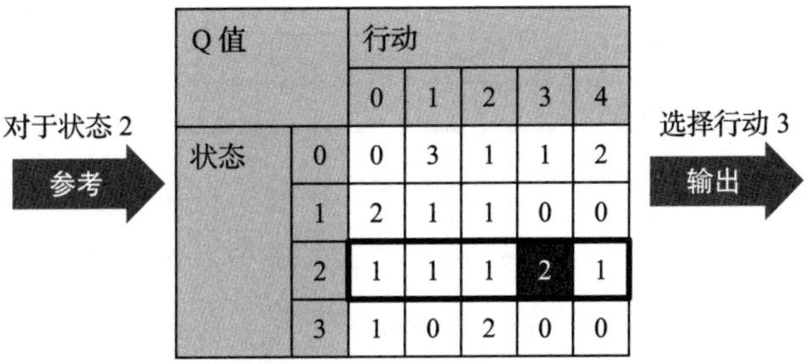

对于状态 2
参考
Q 值
行动
0 1 2 3 4
状态
0 0 3 1 1 2
1 2 1 1 0 0
2 1 1 1 2 1
3 1 0 2 0 0
选择行动 3
输出

图 4.1　Q 学习的概念

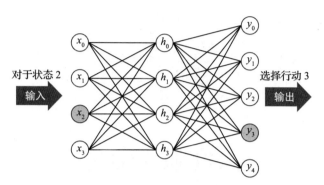

图 4.2 深度 Q 网络的概念

如图 4.1 所示，Q 学习中有一个表，其中写入了每个状态的 Q 值，Q 学习可以选择该状态下具有最高 Q 值的行动。例如在图 4.1 中，状态为 2 时，行动 3 的 Q 值为 2，其他行动的 Q 值为 1，要选择具有最大 Q 值的行动 3。然后，通过学习对 Q 值的表进行更新。

另外，在深度 Q 网络中，与状态相对，行动由神经网络决定，如图 4.2 所示。在图 4.2 中，输入状态 2 后神经网络输出动作 3。换句话说，深度 Q 网络使用神经网络构建 Q 学习的 Q 值表。

例如，在老鼠学习问题中，表 4.1 中的输入输出关系仅通过神经网络实现。表 4.1 中，x 代表状态，y 代表下一个动作。这样一来，如果输入输出关系表示清楚，就可以很容易地实现深度强化学习。

表 4.1 老鼠学习问题的输入输出关系

状态 x	下一个行动 y
0	0
1	1

通过深度强化学习来训练此问题的难度在于输入输出关系表示不清楚。例如，在状态 0（电源 OFF）的情况下，不知道要按下电源按钮还是产品按钮，但是只有在电源 ON 的情况下按下产品按钮时，才会获得奖励。但是，在这种没有明确给出输入输出关系的情况下提供奖励的方式能使机器可以通过反复试验自动获得更好的行动。

之后我们将说明深度强化学习，但是在深度强化学习中，可能会有训练不顺利，或者每次进行训练时智能体会学习不同行动以及学习不稳定的情况。在这种情况下，请尝试通过反复试验来设置网络结构和学习参数。

https://github.com/chainer/chainerrl/tree/master/examples 上也提供了 ChainerRL 官方示例，该示例对于编程非常有用。

那么让我们学习深度强化学习。

4.2　对于老鼠学习问题的应用

本节目标 使用深度 Q 网络解决简单的问题

使用的程序 skinner_DQN.py

第 3 章介绍了如何使用强化学习来学习老鼠学习问题。在本节中，通过深度强化学习来解决相同的问题。

我们将通过编写一个简单的程序来说明深度强化学习的机制。之后我们将在它的基础上来创建各种程序，因此加深对它的理解很重要。

Q 学习和深度 Q 网络之间的最大区别在于，Q 学习具有用于更新 Q 值的公式，而深度 Q 网络没有该公式。深度 Q 网络中 Q 值不是人为设定的，而是由神经网络自动训练得到的。

4.2.1　运行程序

我们先运行该程序，稍后再进行说明。在包含 skinner_DQN.py 的目录中执行以下命令。

❑ Windows（Python 2 系列和 Python 3 系列）、Linux、Mac、RasPi（Python 2 系列）环境中：

```
$ python skinner_DQN.py
```

❑ Linux、Mac、RasPi（Python 3 系列）环境中：

```
$ python3 skinner_DQN.py
```

执行上述代码后，输出结果如终端输出 4.1 所示。与 Q 学习中的情况相同，连续的 5 行数字中，每行左边的数字表示状态，中间的数字表示行动，右边的数字表示奖励，共表示 5 次行动的历史记录。在 episode 之后显示回合数，并且在 reward 之后，显示从 5 次行动中获得的总奖励。另外，累计 5 次行动后的最高奖励是 4，因为在最初（第 1 次）的行动中必须按下电源按钮。

终端输出 4.1　skinner_DQN.py 的执行结果

```
[0] 0 0
[1] 0 0
[0] 0 0
[1] 1 1
[1] 0 0
episode : 1 total reward 1
[0] 0 0
[1] 1 1
[1] 1 1
[1] 0 0
[0] 0 0
episode : 2 total reward 2
[0] 1 0
[0] 0 0
[1] 1 1
[1] 1 1
[1] 1 1
episode : 3 total reward 3
[0] 0 0
[1] 1 1
[1] 1 1
[1] 1 1
[1] 0 0
episode : 4 total reward 3
[0] 0 0
[1] 1 1
[1] 1 1
[1] 1 1
[1] 1 1
```

```
episode : 5 total reward 4
（以下省略）
```

在第 1 个回合中，由于执行了以下行动，所以只能获得一次奖励。

❑ 第 1 次行动：电源 OFF 时按下电源按钮

❑ 第 2 次行动：电源 ON 时按下电源按钮

❑ 第 3 次行动：电源 OFF 时按下电源按钮

❑ 第 4 次行动：电源 ON 时按下产品按钮（获得奖励）

❑ 第 5 次行动：电源 OFF 时按下电源按钮

在第 2 个回合中，第 2 次和第 3 次行动可以获得奖励。在第 5 个回合中，通过在第 1 次行动中按下电源按钮并在第 2 次及后续行动中每次都按下商品按钮获得最大奖励。

这里的最大奖励是在第 5 个回合中获得的，但是由于初始值的差异，可能并不总是能获得最大奖励。此外，如果将回合数设置为 200，即使在中间进行了获得最大奖励 4 的行动（回合数约为 50 次），最终（最后的回合）也可能不会出现获得最大奖励的行动。

这并不是因为程序出现了错误。由于参数的调整，程序可能会顺利运行，也可能不会，需要通过许多调整才能掌握合适的参数。这也是深度强化学习中的难点。

4.2.2　说明程序

该程序的流程图如图 4.3 所示。首先，通过初始设置确定初始状态，并从当前状态来决定行动（agent.act_and_train 方法）。同时，更新与 Q 值相对应的神经网络（不用每次更新，更新频率由参数设置）。随后，通过行动改变状态（step 函数）。重复此过程 5 次以完成 1 个回合。深度强化学习与第 3 章中的强化学习相似，因为它具有与强化学习相同的作用。

我们将依次说明程序的各个重要部分，程序如代码列表 4.1 所示。该程序基于代码列表 3.1（通过 Q 学习解决老鼠学习问题的程序）和代码列表 2.1。

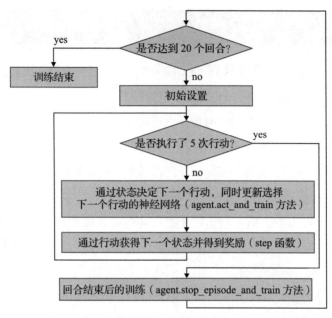

图 4.3   流程图

代码列表 4.1   老鼠学习问题的深度 Q 网络版本：skinner_DQN.py

```
1  # coding:utf-8
2  import numpy as np
3  import chainer
4  import chainer.functions as F
5  import chainer.links as L
6  import chainerrl
7
8  class QFunction(chainer.Chain):
9      def __init__(self, obs_size, n_actions, n_hidden_channels=2):
10         super(QFunction, self).__init__()
11         with self.init_scope():
12             self.l1=L.Linear(obs_size, n_hidden_channels)
13             self.l2=L.Linear(n_hidden_channels, n_hidden_channels)
14             self.l3=L.Linear(n_hidden_channels, n_actions)
15     def __call__(self, x, test=False):
16         h1 = F.tanh(self.l1(x))
17         h2 = F.tanh(self.l2(h1))
18         y = chainerrl.action_value.DiscreteActionValue(self.l3(h2))
```

```
19          return y
20
21  def random_action():
22      return np.random.choice([0, 1])
23
24  def step(state, action):
25      reward = 0
26      if state==0:
27          if action==0:
28              state = 1
29          else:
30              state = 0
31      else:
32          if action==0:
33              state = 0
34          else:
35              state = 1
36              reward = 1
37      return np.array([state]), reward
38
39  gamma = 0.9
40  alpha = 0.5
41  max_number_of_steps = 5 # 1 次试验中的 step 数
42  num_episodes = 20          # 试验总数
43
44  q_func = QFunction(1, 2)
45  optimizer = chainer.optimizers.Adam(eps=1e-2)
46  optimizer.setup(q_func)
47  explorer = chainerrl.explorers.LinearDecayEpsilonGreedy(start_epsilon=1.0,
    end_epsilon=0.1, decay_steps=num_episodes, random_action_func=random_action)
48  replay_buffer = chainerrl.replay_buffer.ReplayBuffer(capacity=10 ** 6)
49  phi = lambda x: x.astype(np.float32, copy=False)
50  agent = chainerrl.agents.DQN(
51      q_func, optimizer, replay_buffer, gamma, explorer,
52      replay_start_size=500, update_interval=1, target_update_interval=100,
    phi=phi)
53  #agent.load('agent')
54
55  for episode in range(num_episodes):  # 按试验次数重复
56      state = np.array([0])
57      R = 0
58      reward = 0
```

```
59    done = True
60
61    for t in range(max_number_of_steps):  # 1 次试验的循环
62        action = agent.act_and_train(state, reward)
63        next_state, reward = step(state, action)
64        print(state, action, reward)
65        R += reward  # 增加奖励
66        state = next_state
67    agent.stop_episode_and_train(state, reward, done)
68
69    print('episode : %d total reward %d' %(episode+1, R))
70 agent.save('agent')
```

1. 导入库

ChainerRL 用于深度强化学习，因此除了导入深度学习的 Chainer 库之外，ChainerRL 库也在程序的第 6 行中导入。

2. 设置神经网络

深度强化学习使用深度学习的神经网络来获取行动，因此如第 8 ～ 19 行所示进行设置。链接的设置与第 2 章中的代码列表 2.1 相同，我们先对其进行回顾。

在第 12 行中，L.Linear 的第 1 个参数是输入层节点的数量，第 2 个参数是中间层的节点数量，L.Linear 设置了链接。将该链接的名称设置为 l1。

```
12  self.l1=L.Linear(obs_size, n_hidden_channels)
```

在此程序中，设置了 2 个中间层，因此共有 3 个链接（输入层 – 中间层、中间层 – 中间层、中间层 – 输出层）。

从第 15 行开始，设置激活函数。在此程序中，我们将使用双曲正切（tanh）函数作为激活函数。由于笔者多次试验的结果是 tanh 函数比 ReLU 函数更容易获得最大奖励，因此在这里使用 tanh 函数。

输出层节点的激活函数是深度强化学习的关键。为此，使用专用于深度强化学习的方法 chainerrl.action_value.DiscreteActionValue 方法来创建输出（第 18 行）。尽管在深度强化学习中很难进行神经网络的更新，但是 ChainerRL 具有用于神经网络更新的函数，因此可以轻松进行编程。此处展示的函数也是可以简化程序的函数之一。

3. 随机动作函数

即使在深度强化学习中，也需要用到随机行动函数（第 21 行和第 22 行）。这与第 3 章中的代码列表 3.1 相同。

4. step 函数

即使在深度强化学习中，也必须将所有情况用程序记录下来，例如行动引起的状态如何转变以及是否可以获得奖励（第 24 ～ 37 行）。在 step 函数中，下一个状态由当前的状态和行动确定，并获得奖励。 这与第 3 章中的代码列表 3.1 相同。

5. 设置变量

即使在深度强化学习中，也必须设置 Q 学习中使用的 α 和 γ。该变量设置在程序的第 39 行和第 40 行。在第 41 行和第 42 行中，设置了一个回合的试验次数和模拟中要执行的回合数目。

6. 设置深度强化学习

深度强化学习的构建在第 44 ～ 53 行。

首先，在第 44 行中，设置用于获取 Q 值的输入输出关系。由于老鼠学习问题中的状态有 2 种，电源 OFF 时的 0 或电源 ON 时的 1，因此输入的数为 1（输入其中 1 个）。有 2 种输出类型，即按下电源按钮的行动和按下产品按钮的行动，因此输出的数为 2（输出 2 个）。请注意这里的数字容易混淆，因为表示输入的状态用 0 和 1，表示输出的行动也用 0 和 1。

在第 45 行中，通过设置深度学习中的优化函数来创建优化器，然后在第 46 行中创建的优化器中设置 Q 函数。在深度学习中，设置模型而不是 Q 函数，但是其设置方法相似。

在第 47 行中声明 explorer 并使用 chainerrl.explorers.LinearDecay-

EpsilonGreedy 方法。这是一种使用 ε-greedy 算法减小 ε 值的方法。应该注意的是，ε 表示随机行动的概率，如第 3 章中所示。

在这一方法的参数中，将 ε 的初始值设为 start_epsilon，最终值设为 end_epsilon，达到最终值的步数设置为 delay_steps。接下来在 random_action_func 中声明一个用于执行随机行动的函数。另外有一个 chainerrl.explorers.ConstantEpsilonGreedy 方法，它会使 ε 的值保持不变。

第 48 行中设置了 replay_buffer。这是实现经验回放（experience replay）的变量，经验回放是实现深度 Q 网络的重要方法之一。经验回放将智能体采取的行动记录在缓冲存储器中，以固定的时间间隔从该存储器中随机选择多个行动（按 batch 大小），然后基于该 mini-batch 来训练网络。mini-batch 训练是每执行数次行动就进行训练的一种方法，它比每次训练和执行所有行动后再训练都要有效。因此，重要的是要使 batch 大小变大，这里将大小设置为 1 000 000（10^6）。

第 49 行定义了执行变量类型转换的匿名函数。Chainer 的输入必须是 float32 类型。

到目前为止，在第 50 行中对所有设置进行声明。此处我们使用 chainerrl.agents.DQN 方法。

第 51 行是采用加载智能体模型（相当于深度学习模型）的函数，具体见 4.2.3 节。

7. 重复训练

基于上述设置，重复如图 4.3 中的流程图所示的行动和训练（第 55 ～ 69 行）。

第 1 步确定初始状态和初始奖励。

第 2 步将状态和奖励输入 agent.act_and_train 方法并输出动作。这是通过设置在函数内的神经网络（深度学习部分）获得的。

第 3 步将状态和行动设置为一组，使用 step 函数转换到下一个状态。

第 4 步由 max_number_of_steps 确定第 2 步和第 3 步的执行次数并执行它们。

第 5 步循环结束后用 agent.stop_episode_and_train 方法停止训练。

上面的试验作为一个回合，由 num_episodes 决定执行的次数。

4.2.3　如何保存和读取智能体模型

本节目标 使用已保存的智能体模型进行重启训练

使用的程序 `skinner_DQN_load.py`

像深度学习模型一样，深度强化学习可以读取智能体模型。我们可以将其用于之后出现的对战游戏，也可以用于重启训练。这里将对重启代码列表 4.1 中所示的程序进行说明。

代码列表 4.1 中的最后一行对于重启起着重要作用。此处在训练完成后将创建 agent 目录，并创建用于重启的文件。

```
70  agent.save('agent')
```

接下来，删除代码列表 4.1 中第 53 行的注释符。

```
53  agent.load('agent')
```

可以仅用这一行来读取智能体模型，并在训练结束后使用智能体模型重新进行训练。但是，在 ε-greedy 算法中选择随机行动的概率也变为初始状态。ε-greedy 算法中所用的 epsilon 调整方法与 3.7 节中所述的相同。

4.3　基于 OpenAI Gym 的倒立摆

本节目标 使用深度 Q 网络解决比老鼠学习问题稍微复杂一点的 OpenAI Gym 的倒立摆问题

使用的程序 `cartpole_DQN.py`

4.3.1　运行程序

3.6 节中我们使用强化学习来处理倒立摆问题。本节我们使用深度强化学

习来学习如何处理相同的问题。首先让我们运行该程序，稍后再进行说明。在
包含 cartpole_DQN.py 的目录中执行以下命令。

❑ Windows（Python 2 系列和 Python 3 系列）、Linux、Mac、RasPi（Python
2 系列）环境中：

```
$ python cartpole_DQN.py
```

❑ Linux、Mac、RasPi（Python 3 系列）环境中：

```
$ python3 cartpole_DQN.py
```

与 Q 学习一样，每 10 个回合显示如图 3.4 中所示的倒立摆的模拟视频。
然后得到类似终端输出 4.2 的内容。R 是总奖励，当它达到 200 时表示运行成
功。一开始奖励是两位数，运行 200 个回合后，奖励可以连续多次达到 200。

终端输出 4.2　cartpole_DQN.py 的执行结果

```
CartPole-v0
[2018-02-20 20:58:39,823] Making new env: CartPole-v0
episode: 0 R: 13.0 statistics: [('average_q', 0.0006153653954513879), ('average_loss', 0)]
episode: 10 R: 11.0 statistics: [('average_q', 0.049691660819158025), ('average_loss', 0)]
episode: 20 R: 27.0 statistics: [('average_q', 0.444938493151129), ('average_loss', 0.10678043165697067)]
 (中略)
episode: 200 R: 200.0 statistics: [('average_q', 74.48397978629524), ('average_loss', 0.682621671525948)]
episode: 210 R: 200.0 statistics: [('average_q', 78.95668099890189), ('average_loss', 0.48170505320477275)]
episode: 220 R: 200.0 statistics: [('average_q', 82.38687814701686), ('average_loss', 0.5543571239144669)]
```

average_q 是根据行动次数取得的最大 Q 值的平均值，average_loss 是
网络误差值的平均值。可以看出，当 average_q 变大时，对所选行动的评价较
高，而当 average_loss 变小时，对所选行动的评价适中，这是训练是否顺利
进行的评判标准。

4.3.2　说明程序

图 4.4 显示了实现目标的流程图。代码列表 4.2 中显示了实现目标的程序。

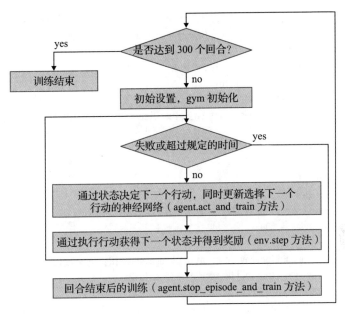

图 4.4   流程图

代码列表 4.2   倒立摆问题的深度 Q 学习网络版本：cartpole_DQN.py

```
1   # coding:utf-8
2   #import myenv
3   import gym  # 倒立摆（cartpole）的运行环境
4   from gym import wrappers  # gym 的图像保存
5   import numpy as np
6   import time
7   import chainer
8   import chainer.functions as F
9   import chainer.links as L
10  import chainerrl
11
12
13  # Q 函数的定义
14  class QFunction(chainer.Chain):
15      def __init__(self, obs_size, n_actions, n_hidden_channels=50):
16          super().__init__()
17          with self.init_scope():
18              self.l0=L.Linear(obs_size, n_hidden_channels)
```

```
19              self.l1=L.Linear(n_hidden_channels, n_hidden_channels)
20              self.l2=L.Linear(n_hidden_channels, n_actions)
21
22      def __call__(self, x, test=False):
23          h = F.tanh(self.l0(x))
24          h = F.tanh(self.l1(h))
25          return chainerrl.action_value.DiscreteActionValue(self.l2(h))
26
27  env = gym.make('CartPole-v0')
28
29  gamma = 0.9
30  alpha = 0.5
31  max_number_of_steps = 200  # 行动总数
32  num_episodes = 300          # 试验的回合总数
33
34  q_func = QFunction(env.observation_space.shape[0], env.action_space.n)
35  optimizer = chainer.optimizers.Adam(eps=1e-2)
36  optimizer.setup(q_func)
37  explorer = chainerrl.explorers.LinearDecayEpsilonGreedy(start_epsilon=1.0,
    end_epsilon=0.1, decay_steps=num_episodes, random_action_func=env.action_
    space.sample)
38  replay_buffer = chainerrl.replay_buffer.ReplayBuffer(capacity=10 ** 6)
39  phi = lambda x: x.astype(np.float32, copy=False)
40  agent = chainerrl.agents.DQN(
41      q_func, optimizer, replay_buffer, gamma, explorer,
42      replay_start_size=500, update_interval=1, target_update_interval=100,
    phi=phi)
43
44  for episode in range(num_episodes):  # 重复试验的次数
45      observation = env.reset()
46      done = False
47      reward = 0
48      R = 0
49      for t in range(max_number_of_steps):  # 1 次试验的循环
50          if episode%100==0:
51              env.render()
52          action = agent.act_and_train(observation, reward)
53          observation, reward, done, info = env.step(action)
54          R += reward
55          if done:
56              break
```

```
57    agent.stop_episode_and_train(observation, reward, done)
58    if episode % 10 == 0:
59        print('episode:', episode, 'R:', R, 'statistics:', agent.get_
   statistics())
```

现在，我们对该程序进行说明。该程序是将 Q 学习的倒立摆和深度强化学习的老鼠学习问题结合的程序。

1. 导入库

导入 ChainerRL 库以执行深度强化学习。

2. 设置神经网络

此设置方法类似于老鼠学习问题中的设置方法。构建具有 2 个隐藏层的神经网络，并将双曲正切（tanh）函数用作激活函数。接下来与老鼠学习问题中的设置方法相同，使用 chainerrl.action_value.DiscreteActionValue 方法创建输出，该方法为深度强化学习特有的函数。

3. 基于 OpenAI Gym 的倒立摆初始化与显示

与强化学习类似，初始化通过接下来的程序实现。

```
27  env = gym.make('CartPole-v0')
```

首先，重置状态并对其进行初始化。

```
45  observation = env.reset()
```

接下来在屏幕上显示模拟视频的代码如下所示，设置为每 100 个回合显示一次。

```
50  if episode%100==0:
51      env.render()
```

4. 设置变量

gamma 之类的变量设置与老鼠学习问题的设置相同。

5. 设置深度强化学习

第 34 ~ 42 行设置了深度强化学习。此设置与老鼠学习问题的设置相同，唯一的区别是用于获取 Q 值的输入输出的相关参数（第 34 行）。输入维数在 env.observation_space.shape [0] 中获得，而输出维数在 env.action_space.n 中获得。

6. 重复训练

根据上述设置，重复如图 4.4 中的流程图所示的行动和训练。基本上，这是一个结合了老鼠学习问题和 Q 学习的倒立摆的程序。这里展示了与老鼠学习问题和 Q 学习的倒立摆的区别。

（1）初始化

在初始化时，重置倒立摆。除此之外与老鼠学习问题相同。

（2）重复

与老鼠学习问题和 Q 学习的倒立摆问题一样重复固定的次数。当名为 done 的结束标志变为 True 时，退出循环并结束该回合。请注意，当杆的位置超出设定范围并且手推车移动到屏幕外时，done 变为 True。

（3）行动的选择与训练

与老鼠学习问题相同，这是通过 agent.act_and_train 方法完成的。

（4）执行行动

执行 env.step 方法，并根据行动（action）移动手推车，这与 Q 学习的倒立摆相同。输入行动后，会进行适当的模拟，除了状态（observation）和奖励（reward）外，当行动超出设定范围时，done 变为 True，同时返回包含调试信息的 info。

（5）回合结束后的训练

执行行动后，将通过 agent.stop_episode_and_train 方法执行训练，该方法不同于第 3 步（这一点与老鼠学习问题相同）。

上面的试验作为一个回合，由 num_episodes 确定运行的回合数。

4.4 基于 OpenAI Gym 的太空侵略者

⬛ **本节目标** 以图像作为状态输入，并使用深度 Q 网络求解

⬛ **使用的程序** Spaceinvaders_DQN.py

使用深度强化学习来学习第 1 章中图 1.1 所示的太空侵略者。这里直接使用图 1-1 作为状态。尽管该方法需要花费很长的训练时间，但由于它是学习视频游戏时经常使用的方法，因此我们在此对其进行介绍。

首先让我们运行该程序，稍后再进行说明。在 Spaceinvaders_DQN.py 所在的目录中执行以下命令。该程序不能在 Windows 的 Anaconda 上运行。如果要在 Windows 上运行，则需要在 VirtualBox 上安装 Ubuntu。有关 VirtualBox 的安装，请参考附录 A.1。

❑ Linux、Mac、RasPi（Python 2 系列）环境中（在 Windows 上无法运行）：

```
$ python Spaceinvaders_DQN.py
```

❑ Linux、Mac、RasPi（Python 3 系列）环境中（在 Windows 上无法运行）：

```
$ python3 Spaceinvaders_DQN.py
```

与倒立摆一样，每 10 个回合会看到一个模拟视频，如图 1.1 所示。代码列表 4.3 显示了训练太空侵略者的程序。省略的代码部分几乎与倒立摆问题的代码相同。

代码列表 4.3 训练太空侵略者：Spaceinvaders_DQN.py 的一部分

```
1   （前略）
2   class QFunction(chainer.Chain):
3       def __init__(self):
4           super(QFunction, self).__init__()
5           with self.init_scope():
6               self.conv1 = L.Convolution2D(3, 16, (11,9), 1, 0)  # 第 1 个卷
    积层（16 个通道）
```

```
7              self.conv2 = L.Convolution2D(16, 32, (11,9), 1, 0) # 第 2 个卷
积层（32 个通道）
8              self.conv3 = L.Convolution2D(32, 64, (10,9), 1, 0) # 第 3 个卷
积层（64 个通道）
9              self.l4 = L.Linear(14976, 6) # 有所行动
10
11     def __call__(self, x):
12         h1 = F.max_pooling_2d(F.relu(self.conv1(x)), ksize=2, stride=2)
13         h2 = F.max_pooling_2d(F.relu(self.conv2(h1)), ksize=2, stride=2)
14         h3 = F.max_pooling_2d(F.relu(self.conv3(h2)), ksize=2, stride=2)
15         return chainerrl.action_value.DiscreteActionValue(self.l4(h3))
16
17 def random_action():
18     return np.random.choice([0, 1, 2, 3, 4, 5])
19 （中略）
20     outdir = 'result'
21     env = gym.make('SpaceInvaders-v0')
22     env = gym.wrappers.Monitor(env, outdir) # 保存运行情况的视频数据
    （MP4 格式）
23     chainerrl.misc.env_modifiers.make_reward_filtered(env, lambda x: x * 0.01)
    # 令奖励值等于或小于 1
24
25     # 回合试运行 & 强化训练开始
26     for episode in range(1, num_episodes + 1): # 按试验次数重复
27         done = False
28         reward = 0
29         observation = env.reset()
30         observation = np.asarray(observation.transpose(2, 0, 1), dtype=np.
float32) # 图像数据的维度转换
31         while not done:
32             if episode % 10 == 0:
33                 env.render()
34             action = agent.act_and_train(observation, reward)
35             observation, reward, done, info = env.step(action)
36             observation = np.asarray(observation.transpose(2, 0, 1), dtype=np.
float32)
37             print(action, reward, done, info)
38         agent.stop_episode_and_train(observation, reward, done)
39         print('Episode {}: statistics: {}, epsilon {}'.format(episode, agent.
get_statistics(), agent.explorer.epsilon))
40         if episode % 10 == 0: # 每 10 个回合保存一次智能体模型
```

```
41          agent.save('agent_spaceinvaders_' + str(episode))
42  （后略）
```

太空侵略者共有 6 个行动（静止、向左移动、向右移动、在当前位置时射击、向左移动时射击、向右移动时射击）。太空侵略者的状态（存储为 observation 变量）是纵向 210 × 横向 160 像素的游戏图像（RGB 图像），并可表示为 $210 \times 160 \times 3$ 的 3 维数组。将其转换为 $3 \times 210 \times 160$ 的 3 维数组，由卷积神经网络处理，然后输出行动。

虽然使用了代码列表 4.3 进行训练，但很难通关游戏。问题越困难，训练也就越困难。此示例显示了深度强化学习的原理，并表明了简化问题的重要性。

另外，通过以下计算获得用于设置代码列表 4.3 中的 14 的 14976 数字（见第 9 行代码）。

$$H_1 = \frac{210-11+1}{2} = 100, W_1 = \frac{160-9+1}{2} = 76$$

$$H_2 = \frac{100-11+1}{2} = 45, \ W_2 = \frac{76-9+1}{2} = 34$$

$$H_3 = \frac{45-10+1}{2} = 18, \ W_3 = \frac{34-9+1}{2} = 13$$

$$H_3 \times W_3 \times 64 = 18 \times 13 \times 64 = 14976$$

由于它是 210×160 的图像，所以卷积过滤器为纵向稍长的 11×9（第 1 层和第 2 层）以及 10×9（第 3 层）。

4.5 基于 OpenAI Gym 的颠球

本节目标 修改 OpenAI Gym 的内容并用深度 Q 网络解决问题

使用的程序 lifting_DQN.py

OpenAI Gym 是一个非常有用的库，它可以查看各种物理模拟的状态。在本节中，我们将从头开始创建如图 4.5 所示的颠球模拟。颠球是指不断地用拍面击打球的动作，如第 1 章中的图 1.2b 所示。因此，我们将熟练运用 OpenAIGym 来进行练习。

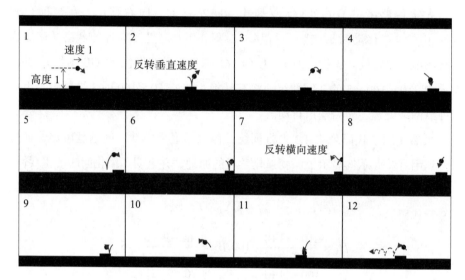

图 4.5　颠球操作的连续图像

设置图 4.5 的问题。

- ❑ 从高度 1 的位置向右施加恒定速度以使球掉落。随后球将进行自由落体运动。
- ❑ 当球撞击到球拍时，会让垂直速度反转以反弹球。
- ❑ 当球撞击到左右壁时，会让横向速度反转以反弹球。
- ❑ 当用球拍反弹球时，只会获得一次奖励。
- ❑ 如果球落在球拍之下，将会失败并且回合结束。
- ❑ 如果用球拍将球反弹 10 次，将会成功并且回合结束。

由于执行简单的计算，计算误差会使得垂直反弹逐渐减少。另外，为了加快训练速度，每次都以相同的位置和相同的速度开始球的运动。虽然可以给出一个随机的初始位置和初始速度，但是在这种情况下训练将花费大量时间。

4.5.1　运行程序

首先让我们运行该程序，稍后再进行说明。在包含 lifting_DQN.py 的目录
中执行以下命令。

❑ Windows（Python 2 系列和 Python 3 系列）、Linux、Mac、RasPi（Python 2
　系列）环境中：

```
$ python lifting_DQN.py
```

❑ Linux、Mac、RasPi（Python 3 系列）环境中：

```
$ python3 lifting_DQN.py
```

与倒立摆一样，每隔 10 个回合将看到一段颠球模拟视频，如图 4.5 所示。
结果输出如终端输出 4.3 所示。R 是总奖励，当它达到 10 时便可以认为是成功。
一开始球只能反弹几次，但逐渐可以反弹 10 次，进行到 500 个回合时，几乎
可以稳定反弹 10 次。

终端输出 4.3　lifting_DQN.py 的执行结果

```
episode: 0 R: 2.0 statistics: [('average_q', 0.018408208963098402), ('average_
loss', 0)]
episode: 10 R: 0.0 statistics: [('average_q', 0.01107763966769456), ('average_
loss', 0.011224545478767412)]
episode: 20 R: 0.0 statistics: [('average_q', 0.05842710895661317), ('average_
loss', 0.007480522847762019)]
 （中略）
episode: 470 R: 10.0 statistics: [('average_q', 14.702887879263104), ('average_
loss', 0.11196882698628721)]
episode: 480 R: 10.0 statistics: [('average_q', 15.408844853410795), ('average_
loss', 0.11974204689436917)]
episode: 490 R: 2.0 statistics: [('average_q', 18.084078798167834), ('average_
loss', 0.11587661302725942)]
episode: 500 R: 10.0 statistics: [('average_q', 18.40843715713511), ('average_
loss', 0.12796028081919253)]
```

4.5.2 说明程序

执行的 lifting_DQN.py 与用于深度强化学习的倒立摆程序 cartpole_DQN.
py 几乎相同。仅有以下三行不同。

```
import myenv # 添加

env = gym.make('Lifting-v0')
num_episodes = 20000  # 试验总数
```

在这里,我们将编写使球下落和球拍移动的部分。倒立摆问题中我们使用
了一个名为 cartpole.py 的准备文件。

它位于以下目录中。

❑ Windows 环境中:

C:\Users\[用户名]\Anaconda3\Lib\Site-packages\Gym\envs\classic_control\
cartpole.py

❑ Linux(Python 2 系列)环境中:

/usr/local/lib/python2.7/dist-packages/gym/envs/classic_control/cartpole.py

❑ Linux(Python 3 系列)环境中:

/usr/local/lib/python3.5/dist-packages/gym/envs/classic_control/cartpole.py

❑ Mac(Python 2 系列)环境中:

/usr/local/lib/python2.7/site-packages/gym/envs/classic_control/cartpole.py
或者

/Library/Python/2.7/site-packages/gym/envs/classic_control/cartpole.py

❑ Mac(Python 3 系列)环境中:

/usr/local/lib/python3.6/site-packages/gym/envs/classic_control/cartpole.py
或者

/Library/Python/3.6/site-packages/gym/envs/classic_control/cartpole.py

这次创建一个名为 lifting.py 的新文件,并从头开始编写模拟程序。为此,
我们用几个文件创建以下目录结构。

首先，代码列表 4.4 显示了 myenv 目录下的 __init__.py。这里我们声明用名为 Lifting-v0 的 ID 来调出位于 myenv 目录中，子文件夹 env 目录下的 LiftingEnv。

代码列表 4.4　myenv/__init__.py

```
1  from gym.envs.registration import register
2
3  register(
4      id='Lifting-v0',
5      entry_point='myenv.env:LiftingEnv',
6  )
```

接下来，代码列表 4.5 显示了 env 目录下的 __init__.py。这里，我们声明 LiftingEnv 类位于 myenv 目录下的子文件夹 env 目录下的 lifting.py 中。

代码列表 4.5　myenv/env/__ init__.py

```
1  from myenv.env.lifting import LiftingEnv
```

现在，可以对调用 lifting.py 中的 LiftingEnv 进行设置。编写使用 OpenAIGym 的程序时，需要以下 4 种方法。

- ❑ __init__(self)：初始化
- ❑ _step (self, action)：执行一项行动
- ❑ _reset (self)：重置为初始状态
- ❑ _render (self, mode='human', close=False)：绘图

它们都以下划线开始，step 方法、reset 方法和 render 方法在运行倒立摆的训练程序时使用。

代码列表 4.6 展示了一个用于决定球拍或球的运动的程序。你可能会感觉这次的程序比以前长一点，其原因如下：

❑ 程序中有很多变量

❑ 解运动方程的代码较长

❑ 绘图的代码较长

这里列举了以上几点原因。如果仅看程序本质其实会更短。

代码列表 4.6　颠球动作：lifting.py

```
1   # coding:utf-8
2   import logging
3   import math
4   import gym
5   from gym import spaces
6   from gym.utils import seeding
7   import numpy as np
8
9   logger = logging.getLogger(__name__)
10  class LiftingEnv(gym.Env):
11
12      metadata = {
13          'render.modes': ['human', 'rgb_array'],
14          'video.frames_per_second' : 50
15      }
16
17      def __init__(self):
18          self.gravity = 9.8          # 重力加速度
19          self.racketmass = 1.0       # 球拍重量
20          self.racketwidth = 0.5      # 球拍宽度
21          self.racketheight = 0.25    # 球拍高度
22          self.racketposition = 0     # 球拍位置
23          self.ballPosition = 1       # 球位置
24          self.ballRadius = 0.1       # 球半径
25          self.ballVelocity = 1       # 球的横向速度
26          self.force_mag = 10.0       # 移动手推车的力量
27          self.tau = 0.02             # 时间间隔
28          self.cx_threshold = 2.4     # 移动限制
29          self.bx_threshold = 2.4
30          self.by_threshold = 2.4
```

```
31
32          self.action_space = spaces.Discrete(2)
33
34          high = np.array([
35              self.cx_threshold,
36              np.finfo(np.float32).max,
37              self.bx_threshold,
38              self.by_threshold,
39              np.finfo(np.float32).max
40              ])
41          self.observation_space = spaces.Box(-high, high)
42
43          self._seed()
44          self.viewer = None
45          self._reset()
46
47      def _seed(self, seed=None):
48          self.np_random, seed = seeding.np_random(seed)
49          return [seed]
50
51      def _step(self, action):
52          assert self.action_space.contains(action), '%r (%s) invalid' %(action,
    type(action))
53
54          state = self.state
55          cx, cx_dot, bx, by, bx_dot = state
56          force = self.force_mag if action==1 else -self.force_mag
57          cx_dot = cx_dot + self.tau * force / self.racketmass
58          cx  = cx + self.tau * cx_dot
59
60          byacc  = -self.gravity
61          self.by_dot = self.by_dot + self.tau * byacc
62          by  = by + self.tau * self.by_dot
63          bx  = bx + self.tau * bx_dot
64          bx_dot = bx_dot if bx>-self.cx_threshold and bx<self.cx_threshold else
    -bx_dot
65          reward = 0.0
66          if bx>cx-self.racketwidth/2 and bx<cx+self.racketwidth/2 and by<self.
    ballRadius and self.by_dot<0:
67              self.by_dot = -self.by_dot
68              reward = 1.0
```

```
69          self.state = (cx, cx_dot,bx,by,bx_dot)
70          done =  cx < -self.cx_threshold-self.racketwidth \
71                  or cx > self.cx_threshold +self.racketwidth\
72                  or by < 0
73          done = bool(done)
74
75          if done:
76              reward = 0.0
77
78          return np.array(self.state), reward, done, {}
79
80      def _reset(self):
81          self.state = np.array([0,0,0,self.ballPosition,self.ballVelocity])
82          self.steps_beyond_done = None
83          self.by_dot = 0
84          return np.array(self.state)
85
86      def _render(self, mode='human', close=False):
87          if close:
88              if self.viewer is not None:
89                  self.viewer.close()
90                  self.viewer = None
91              return
92
93          screen_width = 600
94          screen_height = 400
95          world_width = self.cx_threshold*2
96          scale = screen_width/world_width
97          racketwidth = self.racketwidth*scale    # 50.0
98          racketheight = self.racketheight*scale  # 30.0
99
100         if self.viewer is None:
101             from gym.envs.classic_control import rendering
102             self.viewer = rendering.Viewer(screen_width, screen_height)
103             l,r,t,b = -racketwidth/2, racketwidth/2, racketheight/2,
    -racketheight/2
104             axleoffset =racketheight/4.0
105             racket = rendering.FilledPolygon([(l,b), (l,t), (r,t), (r,b)])
106             self.rackettrans = rendering.Transform()
107             racket.add_attr(self.rackettrans)
108             self.viewer.add_geom(racket)
```

```
109
110            ball = rendering.make_circle(0.1*scale)
111            self.balltrans = rendering.Transform()
112            ball.add_attr(self.balltrans)
113            self.viewer.add_geom(ball)
114
115        if self.state is None: return None
116
117        x = self.state
118        rackety = self.racketposition*scale   # 100 # TOP OF racket
119        racketx = x[0]*scale+screen_width/2.0      # MIDDLE OF racket
120        ballx = x[2]*scale+screen_width/2.0        # MIDDLE OF racket
121        bally = x[3]*scale#+screen_width/2.0       # MIDDLE OF racket
122        self.rackettrans.set_translation(racketx, rackety)
123        self.balltrans.set_translation(ballx, bally)
124
125        return self.viewer.render(return_rgb_array = mode=='rgb_array')
```

让我们仔细看一下代码列表 4.6。

1. __init__(self)

初始设置要进行 4 个步骤，我们将对每一步要做什么进行说明。

设置变量

在第 18 ～ 30 中行进行设置。

设置行动数

在第 32 行的 action_space 中设置为 2 维。

设置状态维度

第 34 ～ 41 行设置了可能的状态范围。深度强化学习和强化学习一样，必须离散化并划分状态。这里设置了 5 个维度的状态，并设置了每个维度的最大值和最小值。自动确定划分状态的数量。

状态初始化

为了每次不重复同样的行动，进行随机数 seed 的初始化。通过调用 _reset 方法来初始化状态。

2. _step（self，action）：

根据 action 中指定的行动进行输入，求解运动方程式，并计算下一个状态（第 54 ～ 64 行）。在第 56 行中，当 action 为 1 时，球拍的横向力为 self. force_mag，当 action 为 0 时，加上负号使其变为 -self.force_mag。

球拍和球都以质量点来计算，黏度项为 0。假设微小时间间隔是 *tau*，则 *tau* 时间之后的速度将更新如下。根据程序变量编写以下公式。

$$cx\_dot = cx\_dot + \frac{force}{racketmass} \times tau$$

位置更新如下。

$$cx = cx + cx\_dot \times tau$$

球以恒定速度水平横向移动。当球的重心超出窗口外时，水平速度会反转（第 64 行），以模拟击中墙壁并反弹的运动。

球的垂直运动的计算方法与横向运动的计算方法相同。如果球击中了球拍并且速度下降（第 66 行），则速度方向会反转。

在第 70 行中检查球是否击中了窗口的底部而没有击中球拍，或者手推车是否离开了窗口。这个条件成立则 done 变量为 1，不成立则为 0。由此可以检查程序是否满足终止条件。

3. _reset（self）：

初始化状态。具体来说，要将球和球拍恢复到初始位置和初始速度。

4. _render（self，mode ='human'，close = False）：

描绘球拍和球。作为绘图的准备，首先设置变量（第 93 ～ 98 行）。接下来，执行以下两个步骤。

（1）设置绘图形状（球拍：第 102 ～ 105 行，球：第 110 行）

（2）声明（球拍：第 106 ～ 108 行，球：第 111 ～ 113 行）

接下来将球拍和球的位置转换为屏幕上的位置（第 118 ～ 121 行）。最后，将它们画出来（球拍：第 122 行，球：第 123 行）。

4.6 对战游戏

本节目标 使用两个智能体互相比赛，同时进行学习

让我们通过深度强化学习制作一款以黑白棋为对象的对战游戏。黑白棋是一种使用外黑内白的棋子进行对战的游戏，其中当用相同颜色的棋子夹住其他棋子时，该棋子的颜色会反转。一般人们也称这个游戏为"奥赛罗"（Othello）。

在这里，我们首先创建模型，通过深度强化学习使智能体互相比赛，使它们变得更强大。然后，我们使用该模型与人类对抗。这就与使用深度学习的将棋和围棋学习问题相同。

首先，创建一个程序，该程序将深度神经网络用于深度强化学习的训练部分。随后我们将在 4.6.6 节中使用卷积神经网络创建一个升级版程序。

4.6.1 黑白棋

使用的程序 train_reversi_DNN.py、play_reversi_DNN.py、play_reversi_DNN_8x8.py、train_reversi_DNN_8x8.py

黑白棋通常在 8×8 的盘面上进行，但在这里我们考虑到训练时间而使用 4×4 的盘面。不过也可以通过稍微更改程序来制作 8×8 的盘面。让我们先运行程序来得到图像，然后将图像移至 reversi_DQN_DNN 目录中并执行以下命令。

❏ Windows（Python 2 系列和 Python 3 系列）、Linux, Mac、RasPi（Python 2 系列）环境中：

```
$ python play_reversi_DNN.py
```

❏ Linux、Mac、RasPi（Python 3 系列）：

```
$ python3 play_reversi_DNN.py
```

另外，使用 Python 2 系列时，将 play_reversi_DNN.py 中的 input 更改为 raw_input。执行程序后，输出结果如终端输出 4.4 所示。

110 第4章

终端输出 4.4　play_reversi_DNN.py 的执行结果

```
=== 黑白棋 ===
选择先进攻方(黑棋，1)或 后进攻方(白棋，2)：1
难易度(低1～10高)：9
「●」(先进攻方)。游戏开始！
    a  b  c  d
1
2    ○    ●
3    ●    ○
4
轮到你了。
在哪里放置棋子呢？(通过行列指定。如"4 d")：1 b
    a  b  c  d
1    ●
2    ●  ●
3    ●  ○
4
轮到智能体了 --> (1, a)
    a  b  c  d
1○  ●
2  ○  ●
3  ●  ○
4
轮到你了。


(中略)


    a  b  c  d
1○  ●  ●  ○
2○  ○  ○  ○
3○  ●  ●  ○
4●      ●  ○
轮到你了。
在哪里放置棋子呢？(通过行列指定。如"4 d")：3 b
    a  b  c  d
1○  ●  ●  ○
2○  ○  ○  ○
3○  ○  ●  ○
4●      ●  ○
轮到智能体了 --> (4, b)
    a  b  c  d
```

4.6.2　训练方法

接下来我们将说明对战游戏的训练程序。深度强化学习所需的状态、行动和奖励的设置如下。

❑ 状态：将盘面上的每一块区域设置为 0、1、2 中的任意值。

❑ 行动：盘面上标有序号，输出该序号。

❑ 奖励：如果获胜，则为 1；如果失败，则为 –1；如果是平局，则为 0。

代码列表 4.7 中显示了训练程序，图 4.6 中显示了其流程图。

代码列表 4.7　黑白棋训练程序：train_reversi_DNN.py

```
1   # -*- coding: utf-8 -*-
2   from __future__ import print_function
3   import chainer
4   import chainer.functions as F
5   import chainer.links as L
6   import chainerrl
7   import numpy as np
8   import sys
9   import re  # 常用表达
10  import random
11  import copy
12
13  # 常量定义 #
14  SIZE = 4    # 棋盘大小 SIZE * SIZE
15  NONE = 0    # 棋盘坐标处的棋子：无
16  BLACK = 1   # 棋盘坐标处的棋子：黑色
17  WHITE = 2   # 棋盘坐标处的棋子：白色
18  STONE = [' ', '●', '○'] # 用于表示棋子
19  ROWLABEL = {'a':1, 'b':2, 'c':3, 'd':4, 'e':5, 'f':6, 'g':7, 'h':8} # 棋盘的
    横轴标签
```

```
20  N2L = ['', 'a', 'b', 'c', 'd', 'e', 'f', 'g', 'h'] # 用于表示横轴标签的倒置
21  REWARD_WIN = 1     # 获胜奖励
22  REWARD_LOSE = -1   # 失败奖励
23  # 在 2 维棋盘上定义 8 个相邻方向 (从上开始, 上、右上、右、右下、下、左下、左、
    左上)
24  DIR = ((-1,0), (-1,1), (0,1), (1,1), (1,0), (1, -1), (0,-1), (-1,-1))
25
26  ### Q 函数的定义 ###
27  class QFunction(chainer.Chain):
28      def __init__(self, obs_size, n_actions, n_nodes):
29          w = chainer.initializers.HeNormal(scale=1.0) # 权重初始化
30          super(QFunction, self).__init__()
31          with self.init_scope():
32              self.l1 = L.Linear(obs_size, n_nodes, initialW=w)
33              self.l2 = L.Linear(n_nodes, n_nodes, initialW=w)
34              self.l3 = L.Linear(n_nodes, n_nodes, initialW=w)
35              self.l4 = L.Linear(n_nodes, n_actions, initialW=w)
36      def __call__(self, x):
37          h = F.relu(self.l1(x))
38          h = F.relu(self.l2(h))
39          h = F.relu(self.l3(h))
40          return chainerrl.action_value.DiscreteActionValue(self.l4(h))
41
42  ### 黑白棋棋盘类 ###
43  class Board():
44
45      # 示例 (一开始为棋盘初始化)
46      def __init__(self):
47          self.board_reset()
48
49      # 棋盘初始化
50      def board_reset(self):
51          self.board = np.zeros((SIZE, SIZE), dtype=np.float32) # 清除所有棋子,
    棋盘由 2 维数组 (i, j) 定义
52          mid = SIZE // 2 # 正中间参考位置
53          # 一开始放置 4 个棋子
54          self.board[mid, mid] = WHITE
55          self.board[mid-1, mid-1] = WHITE
56          self.board[mid-1, mid] = BLACK
57          self.board[mid, mid-1] = BLACK
58          self.winner = NONE      # 获胜者
59          self.turn = BLACK       # 黑棋开始
```

```
60        self.game_end = False # 游戏结束的确认标志
61        self.pss = 0  # 检查"跳过"标志。双方都跳过则游戏结束
62        self.nofb = 0 # 棋盘上黑棋的数量
63        self.nofw = 0 # 棋盘上白棋的数量
64        self.available_pos = self.search_positions() # self.turn 可以放置棋子
       的位置列表
65
66    # 放置棋子和翻转处理
67    def put_stone(self, pos):
68        if self.is_available(pos):
69            self.board[pos[0], pos[1]] = self.turn
70            self.do_reverse(pos) # 翻转
71            return True
72        else:
73            return False
74
75    # 轮次转换
76    def change_turn(self):
77        self.turn = WHITE if self.turn == BLACK else BLACK
78        self.available_pos = self.search_positions() # 搜索可以放置棋子的位置
79
80    # 随机决定在哪里放置棋子（用 ε-greedy 算法）
81    def random_action(self):
82        if len(self.available_pos) > 0:
83            pos = random.choice(self.available_pos) # 随机决定放置棋子的位置
84            pos = pos[0] * SIZE + pos[1] # 转换为一维坐标（神经网络训练数据
       必须为一维）
85            return pos
86        return False # 无放置位置
87
88    # 智能体的行动和胜负判定。如果棋子放在不应该放置的位置，则为负
89    def agent_action(self, pos):
90        self.put_stone(pos)
91        self.end_check() # 放置棋子后，确认游戏是否结束
92
93    # 翻转处理
94    def do_reverse(self, pos):
95        for di, dj in DIR:
96            opp = BLACK if self.turn == WHITE else WHITE # 对手的棋子
97            boardcopy = self.board.copy() # 暂时复制棋盘一次（另外，如果不使用
       copy 功能，将通过引用表示）
98            i = pos[0]
```

```
99              j = pos[1]
100             flag = False # 包夹判定标志
101             while 0 <= i < SIZE and 0 <= j < SIZE: # (i, j) 坐标在棋盘内时重复
操作
102                 i += di # 移动 i 坐标 (垂直)
103                 j += dj # 移动 j 坐标 (水平)
104                 if 0 <= i < SIZE and 0 <= j < SIZE and boardcopy[i,j] == opp:
# 如果在棋盘上并且是对手的棋子
105                     flag = True
106                     boardcopy[i,j] = self.turn # 翻转为自己的棋子
107                 elif not(0 <= i < SIZE and 0 <= j < SIZE) or (flag == False
and boardcopy[i,j] != opp):
108                     break
109                 elif boardcopy[i,j] == self.turn and flag == True: # 如果得到
了与己方颜色相同的棋子, 且将其夹在中间, 则可以确认进行了翻转处理
110                     self.board = boardcopy.copy() # 更新棋盘
111                     break
112
113     # 列出可以放置棋子的位置。如果没有可以放置的位置, 则 "跳过"
114     def search_positions(self):
115         pos = []
116         emp = np.where(self.board == 0) # 获取没有放置棋子的位置
117         for i in range(emp[0].size):   # 对于未放置棋子的所有坐标
118             p = (emp[0][i], emp[1][i]) # 转换为 (i, j) 坐标
119             if self.is_available(p):
120                 pos.append(p) # 生成可以放置棋子的位置的坐标列表
121         return pos
122
123     # 确认是否可以放置棋子
124     def is_available(self, pos):
125         if self.board[pos[0], pos[1]] != NONE: # 如果已经放置了棋子, 则无法
放置新棋子
126             return False
127         opp = BLACK if self.turn == WHITE else WHITE
128         for di, dj in DIR: # 检查 8 个方向上的包夹 (是否可以翻转)
129             i = pos[0]
130             j = pos[1]
131             flag = False # 包夹判断标志
132             while 0 <= i < SIZE and 0 <= j < SIZE: # (i, j) 坐标在棋盘内时重
复操作
133                 i += di # 移动 i 坐标 (垂直)
```

```
134                j += dj # 移动 j 坐标（水平）
135                if 0 <= i < SIZE and 0 <= j < SIZE and self.board[i,j] == opp:
# 如果在棋盘上并且是对手的棋子
136                    flag = True
137                elif not(0 <= i < SIZE and 0 <= j < SIZE) or (flag == False
and self.board[i,j] != opp) or self.board[i,j] == NONE:
138                    break
139                elif self.board[i,j] == self.turn and flag == True: # 与己方颜
色相同的棋子
140                    return True
141        return False
142
143    # 确认游戏是否结束
144    def end_check(self):
145        if np.count_nonzero(self.board) == SIZE * SIZE or self.pss == 2:
# 如果棋盘上放满了棋子，或者双方都跳过
146            self.game_end = True
147            self.nofb = len(np.where(self.board==BLACK)[0])
148            self.nofw = len(np.where(self.board==WHITE)[0])
149            self.winner = BLACK if len(np.where(self.board==BLACK)[0]) >
len(np.where(self.board==WHITE)[0]) else WHITE
150
151 # 主函数
152 def main():
153    board = Board() # 棋盘初始化
154
155    obs_size = SIZE * SIZE  # 棋盘大小（神经网络输入维度）
156    n_actions = SIZE * SIZE # 行动数量为 SIZE * SIZE（在棋盘何处放置棋子）
157    n_nodes = 256 # 中间层的节点数
158    q_func = QFunction(obs_size, n_actions, n_nodes)
159
160    # optimizer 的设定
161    optimizer = chainer.optimizers.Adam(eps=1e-2)
162    optimizer.setup(q_func)
163    # 衰减率
164    gamma = 0.99
165    # ε-greedy 算法
166    explorer = chainerrl.explorers.LinearDecayEpsilonGreedy( \
167        start_epsilon=1.0, end_epsilon=0.1, decay_steps=50000, random_action_
func=board.random_action)
168    # 用于经验回放的缓冲区（它足够大，可用于智能体）
```

```
169    replay_buffer_b = chainerrl.replay_buffer.ReplayBuffer(capacity=10 ** 6)
170    replay_buffer_w = chainerrl.replay_buffer.ReplayBuffer(capacity=10 ** 6)
171    # 智能体。分别使用黑棋和白棋的智能体来训练。使用 DQN。将 batch 的大小设置
       较大
172    agent_black = chainerrl.agents.DQN( \
173        q_func, optimizer, replay_buffer_b, gamma, explorer, \
174        replay_start_size=1000, minibatch_size=128, update_interval=1, target_
    update_interval=1000)
175    agent_white = chainerrl.agents.DQN( \
176        q_func, optimizer, replay_buffer_w, gamma, explorer, \
177        replay_start_size=1000, minibatch_size=128, update_interval=1, target_
    update_interval=1000)
178    agents = ['', agent_black, agent_white]
179
180    n_episodes = 20000 # 学习游戏的回合数
181    win = 0  # 黑棋胜利
182    lose = 0 # 黑棋失败
183    draw = 0 # 平局
184
185    # 游戏开始（重复回合）
186    for i in range(1, n_episodes + 1):
187        board.board_reset()
188        rewards = [0, 0, 0] # 重置奖励
189
190        while not board.game_end: # 重复操作直到游戏结束
191            #print('DEBUG: rewards {}'.format(rewards))
192            # 如果无法放置棋子则跳过
193            if not board.available_pos:
194                board.pss += 1
195                board.end_check()
196            else:
197                # 找到放置棋子的位置。棋盘为 2 维，但要将其转换为 1 维以输入到
    神经网络
198                boardcopy = np.reshape(board.board.copy(), (-1,))
199                while True: # 重复操作直到找到放置的位置
200                    pos = agents[board.turn].act_and_train(boardcopy,
    rewards[board.turn])
201                    pos = divmod(pos, SIZE) # 将坐标转换为 2 维的 (i, j)
202                    if board.is_available(pos):
203                        break
204                    else:
```

```
205                          rewards[board.turn] = REWARD_LOSE # 如果不能放置棋子
     则得到负奖励
206                  # 棋子布局
207                  board.agent_action(pos)
208                  if board.pss == 1: # 如果可以放置棋子, 则重置跳过标志 (如果
     双方都连续跳过, 则游戏结束)
209                      board.pss = 0
210
211              # 游戏中的处理
212              if board.game_end:
213                  if board.winner == BLACK:
214                      rewards[BLACK] = REWARD_WIN   # 黑棋获胜奖励
215                      rewards[WHITE] = REWARD_LOSE # 白棋失败奖励
216                      win += 1
217                  elif board.winner == 0:
218                      draw += 1
219                  else:
220                      rewards[BLACK] = REWARD_LOSE
221                      rewards[WHITE] = REWARD_WIN
222                      lose += 1
223                  #结束回合并训练
224                  boardcopy = np.reshape(board.board.copy(), (-1,))
225                  # 获胜方智能体的训练
226                  agents[board.turn].stop_episode_and_train(boardcopy,
     rewards[board.turn], True)
227                  board.change_turn()
228                  # 失败方智能体的训练
229                  agents[board.turn].stop_episode_and_train(boardcopy,
     rewards[board.turn], True)
230              else:
231                  board.change_turn()
232
233          # 显示训练进度 (每 100 个回合)
234          if i % 100 == 0:
235              print('==== Episode {} : black win {}, black lose {}, draw {}
     ===='.format(i, win, lose, draw)) # 胜负数以黑棋为基准
236              print('<BLACK> statistics: {}, epsilon {}'.format(agent_black.get_
     statistics(), agent_black.explorer.epsilon))
237              print('<WHITE> statistics: {}, epsilon {}'.format(agent_white.get_
     statistics(), agent_white.explorer.epsilon))
238              # 计数器变量初始化
```

```
239            win = 0
240            lose = 0
241            draw = 0
242
243        if i % 1000 == 0: # 每隔 1000 个回合保存模型
244            agent_black.save('agent_black_' + str(i))
245            agent_white.save('agent_white_' + str(i))
246
247  if __name__ == '__main__':
248      main()
```

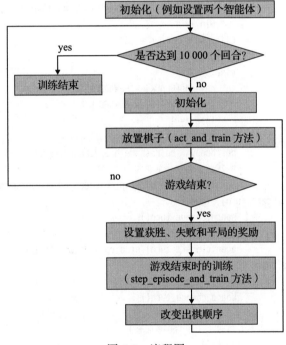

图 4.6　流程图

程序的大致流程如图 4.6 所示。

首先，进行初始设置，关键是在此初始设置中设置两个智能体。 接下来，我们进入到一个循环中，在规定的回合内重复训练。这里我们执行一个回合的循环，直到一场游戏对局结束。

在游戏中，首先进行放置棋子的处理。在该处理中，如果无法放置棋子，则选择跳过，如果可以放置棋子，则通过深度强化学习（act_and_train 方法）获得放置棋子的位置。

接下来确认游戏是否结束。如果游戏结束，则设定获胜方。

随后，进行回合结束后的训练。获胜的情况下才会进行游戏结束后的训练。

如果游戏还没有结束，请改变出棋先后顺序并重复运行程序。

之后我们将这些内容与程序相对应的同时，查看在哪个部分完成上述操作。

1. 初始设置

首先，初始化盘面（第 153 行）并设置神经网络（第 155 ～ 158 行）。这是通过第 27 ～ 40 行的 QFunction 函数完成的。这里假设中间层有 256 个节点，我们使用一个带有 2 个中间层的 4 层神经网络。盘面的大小作为输入层节点数（如果盘面的大小是 4×4，则输入层节点数为 16），输出层节点数与输入层节点数相同。

将数字分配在盘面上（如图 4.7 所示）盘面上如果未放置棋子，则设置为 0，如果放置的是黑棋，则设为 1，如果放置白棋，则设为 2 并作为输入（如图 4.8 所示）。图 4.8 中的盘面显示了终端输出 4.4 中第 3 回合的状态。

0	1	2	3
4	5	6	7
8	9	10	11
12	13	14	15

2	1	0	0
0	2	1	0
0	1	2	0
0	0	0	0

图 4.7　盘面和输入之间的关系　　　图 4.8　盘面上棋子的表示方法

下一步是设置优化器（第 161 行和第 162 行）与探索器（第 166 行和第 167 行）。到目前为止的程序和前面的深度强化学习程序相同。

接下来的重点是设置用于白棋和黑棋两个智能体的两个缓冲区（如第 169 ～ 177 行所示）。如第 178 行所示，将这些智能体放置在 agents 数组中，如果是 agents[1] 则使用 agent_black，如果是 agents[2] 则使用 agent_white。

2. 随机行动的函数

即使在深度强化学习中也需要随机行动函数。在 Board 类中将其设置为 random_action 方法（第 81 ~ 86 行）。

3. 如何进行游戏

通过重复第 190 ~ 231 行代码来进行游戏。首先，在第 187 行使用 board.board_reset 方法重置盘面，并在第 188 行重置奖励。虽然 rewards 是 3 维的，但第 1 列实际上并未使用。为了方便，用 1 表示黑棋，2 表示白棋。

在游戏开始后，通过 board.available_pos 变量查看是否可以放置棋子。如果无法放置（第 193 行的 if 语句），则增加 board.pss 变量的值，并使用 board.end_check 方法检查是否结束设置。当可以放置棋子时（第 196 行的 else 语句），首先将 2 维棋盘调整为 1 维。这是因为本节中的程序用深度神经网络作为深度强化学习中所用的神经网络。

接下来用第 199 行的 while 语句搜索可以放置棋子的位置。首先，用盘面作为输入，执行深度强化学习的函数（act_and_train 方法）来输出下一个行动。

这一步的重点是利用数组对智能体进行设置，使得我们可以轻松地在白棋和黑棋之间切换。这是通过使用 board.turn 变量完成的，该变量使黑棋为 1，白棋为 2。

然后，通过 divmod 函数（第 201 行）将获得的下一个位置转换为 2 维坐标。查看是否可以放置棋子（第 202 行的 if 语句），如果能放置棋子，则退出循环。如果无法放置棋子（第 204 行的 else 语句），则设置负奖励（REWARD_LOSE），并在第 200 行上再次使用该方法来获得放置棋子的位置。这一步的训练用 act_and_train 方法也能进行。

由于在执行第 207 行时就获得了可以放置棋子的位置，因此可以通过 board.agent_action 方法进行布局。

放置棋子后，通过 board.game_end 判断游戏是否结束。 如果游戏还没有结束，即当前是一方的回合结束时（第 230 行的 else 语句），通过 board.change_turn 方法改变进攻方并继续游戏（第 231 行）。

当游戏结束时（第 212 行的 if 语句），获胜方将得到 1 的奖励，而失败方将得到 –1 的奖励。出现平局时，奖励为 0。设置奖励后，将进入训练（第 224 ～ 229 行）。

4. 显示并保存训练

训练可能要花费数小时，因此，如果没有在终端上显示训练进度，将无法知道训练是否在继续进行。所以我们每隔 100 个回合显示一次训练进度。

在代码列表 4.7 中，进度是通过回合数与 100 个回合之间的黑色方的胜负数量（获胜、失败、平局次数）显示的。此外，还显示了黑棋和白棋的训练状态（第 235 ～ 237 行）。

第 243 ～ 245 行中每 1000 个回合会保存一次智能体模型。与人对战时，将使用训练好的智能体模型。

4.6.3　变更盘面

如果要更改盘面的大小，请在代码列表 4.7 的第 14 行上更改 SIZE 变量的大小，然后执行训练以创建训练模型。通过以相同的方式变更并执行稍后用于与人类对战的程序，可以在不同大小的盘面上进行游戏。

但是，令盘面变大仅仅是改变盘面的样式，因此用代码列表 4.7 中的参数不能很好进行训练。要训练强大的智能体，请增加神经网络中的层数或增加中间层的节点数，或者更改智能体或探索器的参数（例如 end_epsilon、decay_steps 等）。但是，盘面越大，训练所需的时间就越长。

4.6.4　黑白棋实体

4.6.2 节着重对深度强化学习进行说明。本节介绍运行黑白棋时所需的 Board 类的内容。我们希望本节内容在制作对战游戏方面能给你一些提示。Board 类中有 10 种方法。

__init__(self)：实例

因为在最开始时仅被调用一次，所以初始化棋盘。这里我们只调用 board_

reset 方法。

board_reset (self)：棋盘初始化

对棋盘进行初始化。首先，将棋盘全部用数字 0 填满，并将白棋和黑棋放在中间。接下来初始化胜方，将顺序（turn 变量）设置为 BLACK，并初始化结束标志。

put_stone (self，pos)：放置棋子和翻转处理

将棋子放在参数指定的位置。通过 is_available 方法判断是否可以放置棋子，并在放置后，使用 do_reverse 方法将其翻转。如果可以放置棋子，则返回 True，否则返回 False。

change_turn (self)：轮次转换

更改 turn 变量。同时，使用 search_positions 方法搜索可以放置棋子的位置。

random_action (self)：随机确定放置棋子的位置（用 ε-greedy 算法）

随机确定放置棋子的位置。这是深度强化学习中需要用到的函数。从 search_positions 方法获得的 available_pos 变量中随机搜索放置棋子的位置。然后，将以 2 维表示的位置更改为以 1 维表示。

agent_action (self, pos)：智能体的行动和获负判定

使用 put_stone 方法将棋子放置在参数指定的位置。然后，通过 end_check 方法检查这一步是否已经完成。如果将棋子放置在不能放置的位置，将会被判为失败。

do_reverse (self, pos)：翻转处理

进行翻转棋子的动作。以坐标 (i, j) 为原点，依次检查 8 个方向。如果对方的棋子在原点坐标旁边，且己方棋子在其前面，则进行翻转对方棋子的处理。

search_positions (self)：列出可以放置棋子的位置

首先，找到未放置棋子的位置，然后以 2 维表示其坐标。通过 is_available 方法判断是否可以放置棋子，并以列表形式返回可以放置棋子的位置。如果没有可以放置的位置，则"跳过"。

is_available (self, pos)：判断是否可以放置棋子

首先，判断是否可以将棋子放置在参数指定的位置。然后，进行与 do_reverse 方法相同的判断，以判断如果将棋子放在该位置，是否可以将对方棋子翻转。

end_check (self)：判断游戏是否结束

通过检查棋盘是否已完全布满棋子或是否有两次跳过来判断游戏是否结束。游戏结束后，将 game_end 变量设置为 True，将白色和黑色棋子的数量分别分配给 nofb 和 nofw，并将获胜方作为 winner 变量。

4.6.5　如何与人类对战

在本节中，我们读取了在 4.6.2 节中训练后的智能体模型，并用于与人类对战。代码列表 4.7 为智能体之间进行对战的代码，但是这里我们将用人类代替其中一个智能体。

我们先来总结两个程序的异同点。

首先，QFunction 类相同。

Board 类中添加了一个方法（show_board），该方法用于在与人类对战时显示盘面（如代码列表 4.8 所示）。

　　代码列表 4.8　与人类对战的黑白棋改动部分（显示棋盘）：play_reversi_
　　　　　　DNN.py 的一部分

```
1    # 显示棋盘
2    def show_board(self):
3        print('   ', end='')
4        for i in range(1, SIZE + 1):
5            print(' {}'.format(N2L[i]), end='')  # 显示水平轴标签
6        print('')
7        for i in range(0, SIZE):
8            print('{0:2d} '.format(i+1), end='')
9            for j in range(0, SIZE):
10               print('{} '.format(STONE[ int(self.board[i][j]) ]), end='')
11           print('')
```

然后，添加将键盘输入转换为 2 维数组的函数（convert_coordinate 方法）和表示胜负的函数（judge 方法），如代码列表 4.9 所示。

代码列表 4.9　与人类对战的黑白棋改动部分（放置与判定）：play_reversi_
　　　　　　DNN.py 的一部分

```
1   # 转换键盘输入的坐标，使其以 2 维数组表示
2   def convert_coordinate(pos):
3       pos = pos.split(' ')
4       i = int(pos[0]) - 1
5       j = int(ROWLABEL[pos[1]]) - 1
6       return (i, j) # 以元祖返回坐标。i 为纵轴，j 为横轴
7
8   def judge(board, a, you):
9       if board.winner == a:
10          print('Game over. You lose!')
11      elif board.winner == you:
12          print('Game over. You win！')
13      else:
14          print('Game over. Draw.')
```

在 main 函数内部，该探索器设置与代码列表 4.7 中第 166 行和第 167 行的探索器的设置相同。其余的代码如代码列表 4.10 所示。

代码列表 4.10　与人类对战的黑白棋改动部分（explorer 之后的代码）：
　　　　　　　play_reversi_DNN.py 的一部分

```
1       replay_buffer = chainerrl.replay_buffer.ReplayBuffer(capacity=10 ** 6)
2       # 智能体。使用 DQN
3       agent = chainerrl.agents.DQN(
4           q_func, optimizer, replay_buffer, gamma, explorer,
5           replay_start_size=1000, minibatch_size=128, update_interval=1,
    target_update_interval=1000)
6
7       ### 由此处开始游戏 ###
8       print('===  黑白棋  ===')
9       you = input ('选择先进攻（黑棋，1）or 后进攻（白棋，2）: ')
10      you = int(you)
11      trn = you
```

```
12      assert(you == BLACK or you == WHITE)
13      level = input(' 难易度（低 1 ~ 10 高）: ')
14      level = int(level) * 2000
15      if you == BLACK:
16          s = ' 「●」(先进攻)'
17          file = 'agent_white_v0.2.1_' + str(level)
18          a = WHITE
19      else:
20          s = ' 「○」(后进攻)'
21          file = 'agent_black_v0.2.1_' + str(level)
22          a = BLACK
23      agent.load(file)
24      print(' 你是 { }。游戏开始! '.format(s))
25      board.show_board()
26
27      # 开始游戏
28      while not board.game_end:
29          if trn == 2:
30              boardcopy = np.reshape(board.board.copy(), (-1,)) # 将棋盘转换为 1 维
31              pos = divmod(agent.act(boardcopy), SIZE)
32              if not board.is_available(pos): # 如果棋子无法放置在神经网络中可
以放置的位置，则会从可以放置的位置中随机选择
33                  pos = board.random_action()
34                  if not pos: # 如果没有可以放置的位置，则跳过
35                      board.pss += 1
36                  else:
37                      pos = divmod(pos, SIZE) # 将坐标以 2 维表示
38              print (' 轮到智能体了 --> ', end=")
39              if board.pss > 0 and not pos:
40                  print (' 跳过。{}'.format (board.pss))
41              else:
42                  board.agent_action(pos) # 在 pos 中放置棋子
43                  board.pss = 0
44                  print('({},{})'.format(pos[0]+1, N2L[pos[1]+1]))
45              board.show_board()
46              board.end_check() # 确认游戏是否结束
47              if board.game_end:
48                  judge(board, a, you)
49                  continue
50              board.change_turn() # 智能体 ->You
51
```

```
52          while True:
53              print ('轮到你了。')
54              if not board.search_positions():
55                  print ('跳过。')
56                  board.pss += 1
57              else:
58                  pos = input('在哪里放置棋子? ( 通过行列进行指定。如 "4 d"):
    ')
59                  if not re.match(r'[0-9] [a-z]', pos):
60                      print ('请正确输入坐标。')
61                      continue
62                  else:
63                      if not board.is_available(convert_coordinate(pos)): # 当
    棋子放置在无法放置的位置时
64                          print ('此处无法放置旗子。')
65                          continue
66                      board.agent_action(convert_coordinate(pos))
67                      board.show_board()
68                      board.pss = 0
69                  break
70          board.end_check()
71          if board.game_end:
72              judge(board, a, you)
73              continue
74
75          trn = 2
76          board.change_turn()
```

我们将说明该程序的重要部分。

首先，由于与人类对战，所以我们只设置了一个智能体。在计算机之间的对战中，通过将 agent 放入数组中来进行使用，但是这次我们不用这个方法。此外，此处仅设置一个 replay_buffer。

游戏开始后，输入先进攻或后进攻（代码列表 4.10 中的第 9 行）。然后，如果先进攻则在 trn 变量中输入 1，后进攻则输入 2。使用 1 和 2 是按照计算机间对战来设定的。

还要输入难易度（代码列表 4.10 的第 13 行）。将难易度分为 1 到 10 的数输入，并乘以 2000 以得出回合数。然后，通过 agent.load 方法加载该回合结束时的智能体模型。我们充分利用了深度强化学习的功能，随着训练的进程，该功能会变得越来越强大。

游戏开始后，如果 trn 为 2，则计算机将先下棋。下棋的方法与计算机之间对战的方法相同。但是它不会进行训练。

随后，在代码列表 4.10 的 while 语句中的第 58 行是人类放置棋子。如果指定了可以放置棋子的位置，则退出 while 循环。

4.6.6　卷积神经网络的应用

使用的程序 train_reversi_CNN.py、play_reversi_CNN.py

最后，使用卷积神经网络创建深度强化学习。可以将代码列表 4.7 中深度神经网络的设置部分更改为卷积神经网络，并使用 2 维的输入来创建深度强化学习。

首先，如代码列表 4.11 所示设置卷积神经网络。可以看到卷积过程已按第 3 章所示处理。但由于 4×4 的盘面对于卷积神经网络而言太小，因此不对其进行池化处理。

代码列表 4.11　使用卷积神经网络进行黑白棋游戏（网络设置）：train_
reversi_CNN.py 的一部分

```
1   class QFunction(chainer.Chain):
2       def __init__(self, obs_size, n_actions, n_nodes):
3           w = chainer.initializers.HeNormal(scale=1.0) # 权重初始化
4           super(QFunction, self).__init__()
5           with self.init_scope():
6               self.c1 = L.Convolution2D(1, 4, 2, 1, 0)
7               self.c2 = L.Convolution2D(4, 8, 2, 1, 0)
8               self.c3 = L.Convolution2D(8, 16, 2, 1, 0)
9               self.l4 = L.Linear(16, n_nodes, initialW=w)
10              self.l5 = L.Linear(n_nodes, n_actions, initialW=w)
11
12      # 前向处理?
13      def __call__(self, x):
```

```
14          #print('DEBUG: forward {}'.format(x))
15          h = F.relu(self.c1(x))
16          h = F.relu(self.c2(h))
17          h = F.relu(self.c3(h))
18          h = F.relu(self.l4(h))
19          return chainerrl.action_value.DiscreteActionValue(self.l5(h))
```

接下来，说明如何创建输入。这一步可以通过将代码列表 4.7 中的第 198 行和第 224 行更改为代码列表 4.12 中的代码来实现。

代码列表 4.12   使用卷积神经网络进行黑白棋游戏（输入设置）：train_ reversi_CNN.py 的一部分

```
1   boardcopy = np.reshape(board.board.copy(), (1,SIZE,SIZE))
```

4.7 使用物理引擎进行模拟

本节目标　使用物理引擎替换 OpenAI Gym 中分解动作的部分

在第 4.3 至 4.5 节中，我们使用 OpenAI Gym 进行了模拟。它在可以通过运动方程式描述的问题（例如倒立摆问题、颠球问题）中比较容易应用。

让我们思考使用机械臂推动盒子将其移动到预定位置的问题（如图 4.9 所示）。通过编写运动方程可以自由地控制机械臂的顶端，但是用运动方程来编写接触并推动盒子的运动会非常困难。仅仅是接触部分的方程就很难编写，并且盒子会根据被推动的位置发生转动。

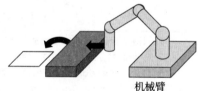

图 4.9　学习用机械臂推箱子

这样一来，仍存在许多复杂且无法用运动方程式表达的问题。这类问题需要使用实体机器人来学习，但即使是简单的问题也需要花费大量时间，如第 5 章所示。 因此，在本节中，我们将说明如何使用物理引擎在不求解运动方程式的情况下来模拟复杂的运动。

另外，我们不是从一开始就要进行全新的操作，而是先以颠球问题和倒立摆问题为对象，将 OpenAI Gym 中使用运动方程式移动物体的部分更改为使用物理引擎。最后，将其应用于机械臂问题。

本节中的程序不适用于 Raspberry Pi。

4.7.1　物理引擎

本节目标　了解物理引擎的基本程序

使用的程序　ode_test.py

所谓的物理引擎，是仅通过登记物体即可帮助进行物体的运动模拟。有很多方法可以处理物体之间的碰撞。物理引擎分为很多种类，但在本书中，以 ODE（Open Dynamic Enginee，力学引擎）作为讨论对象。ODE 带有一个简单的图形库，绘图部分使用 OpenAI Gym 自带的绘图功能，我们只使用 ODE 的物理运算功能的部分。另外，它没有准备用于 Linux 和 Mac 的 Python 3 库。因此，这里需要使用 Python 2 系列。

安装操作如下。

1. Windows 环境

访问 https://www.lfd.uci.edu/~gohlke/pythonlibs/#ode 并下载 ode-0.15.2-cp36-cp36m-win_amd64.whl。在放置下载文件的目录中，执行以下命令来安装 ODE。

```
$ pip install ode-0.15.2-cp36-cp36m-win_amd64.whl
```

2. Linux 和 Mac 环境

执行以下命令。

```
$ sudo apt install python-tk
$ sudo apt install python-pip
$ sudo python -m pip install --upgrade pip
$ sudo python -m pip install matplotlib
$ sudo python -m pip install chainer==4.0.0
$ sudo python -m pip install chainerrl==0.3.0
$ sudo apt install python-pyode
```

3. RasPi 环境

可以使用与 Linux 相同的命令来进行安装，但是无法执行。

4.7.2　运行程序

让我们运行程序以确认安装情况。在包含 ode_test.py 的目录中执行以下命令。为了使 Linux 和 Mac 系统也使用 Python 2 系列，使用相同的命令。

❑ Windows（Python 2 系列和 Python 3 系列）、Linux、Mac（Python 2 系列）环境中：

```
$ python ode_test.py > test.txt
```

在此程序中，以 (20,10)m/s 的速度从 y 方向（垂直方向）2m 的高度发射一个球体，并通过物理引擎求解其轨迹。与代码列表 4.6 中的 lift.py 不同，这里没有以时间间隔为单位更新位置。

运行后，将生成 test.txt。如果将其中的内容复制到 Excel 中并生成图形，则如图 4.10 所示，将看到球如何沿着抛物线下落。图 4.10 中的粗黑线是通过模拟获得的轨迹，细灰线是通过求解运动方程而得到的式 4.1 的理论轨迹。另外，尽管有一部分设置了时间间隔，但是如果增大时间间隔，那么虽然模拟速度会加快，但与理论值的偏差会变大。

$$x = 20t$$
$$y = -\frac{1}{2}9.81t^2 + 10t + 2 \tag{4.1}$$

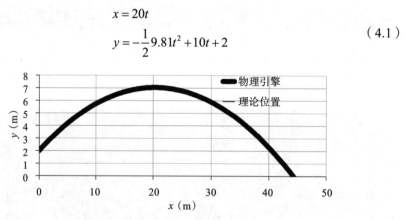

图 4.10　使用物理引擎模拟球的发射

4.7.3　说明程序

程序如代码列表 4.13 所示。以该程序为例，我们来说明 ODE 的基本用法。

代码列表 4.13　使用物理引擎 ODE 进行投掷球轨迹计算：ode_test.py

```
1   # -*- coding: utf-8 -*-
2   import ode
3
4   world = ode.World()
5   world.setGravity( (0,-9.81,0) )
6
7   body = ode.Body(world)
8   M = ode.Mass()
9   M.setSphere(2500.0, 0.05)
10  M.mass = 1.0
11  body.setMass(M)
12
13  body.setPosition( (0,2,0) )
14  body.setLinearVel( (20,10,0) )
15
16  total_time = 0.0
17  dt = 0.01
18  while total_time<3.0:
19      x,y,z = body.getPosition()
20      u,v,w = body.getLinearVel()
21      print(total_time,'\t', x,'\t', y,'\t', z,'\t', u,'\t',v,'\t', w,sep='')
22      world.step(dt)
23      total_time+=dt
```

❏ 首先，导入 ode 库的安装（第 2 行）。

❏ 随后在第 4 行中，生成运行 ODE 的 world。

❏ 在第 5 行中对生成的 world 设置重力。

❏ 在第 7 ～ 11 行设置物体。可以设置为球体，也可以设置为立方体等。

❏ 在第 13 行和第 14 行上设置物体、初始位置和初始速度。设置完成后，根据循环重复指定的时间。

❏ 在第 22 行的 world.step（时间间隔）中执行物理计算。

可以看出，在不求解运动方程的情况下，仅通过设置物体就可以模拟物体的下落过程。

4.8   物理引擎在颠球问题中的应用

本节目标   通过将物理引擎引入颠球问题中来学习如何使用物理引擎

使用的程序   lifting_DQN_ODE.py

我们将把物理引擎引入到 4.5 节中的颠球问题中，并在不求解运动方程的情况下对其进行模拟。颠球问题中的运动仅有球的下落和反弹，因此我们将仍使用代码列表 4.10 程序的一部分。在 4.5 节中，我们创建了如代码列表 4.6 所示的 lifting.py 来模拟颠球问题，但是在本节中，我们将创建一个对其进行修改后的 lifting_ode.py。

代码列表 4.16 显示了 lifting_ode.py。由于这是引入物理引擎后的第一个示例，因此我们将展示完整的代码。作为要执行的文件，使用 lifting_DQN_ODE.py，lifting_DQN_ODE.py 是将 lifting_DQN.py 中的 ID 进行如下更改的程序。

```
env = gym.make('LiftingODE-v0')
```

目录结构如下所示。

```
lifting_DQN_ODE.py
myenv┬__init__.py
     └env┬__init__.py
         └lifting_ode.py
```

两个 __init__.py 与代码列表 4.14 和代码列表 4.15 中的相同。

代码列表 4.14   myenv/__init__.py

```
1  from gym.envs.registration import register
2
```

```
3  register(
4      id='LiftingODE-v0',
5      entry_point='myenv.env:LiftingODEEnv',
6  )
```

代码列表 4.15　myenv/env/__init__.py

```
1  from myenv.env.lifting_ode import LiftingODEEnv
```

然后在 myenv/env/ 下创建如代码列表 4.16 所示的 lifting_ode.py。

通过上述操作，进行与 4.5 节中相同的模拟操作。然而，这一步要比求解运动方程花费更长的时间。

执行以下指令。

❏ Windows（Python 2 系列和 Python 3 系列）、Linux、Mac（Python 2 系列）环境中：

```
$ python lifting_DQN_ODE.py
```

输出如图 4.11 所示，与 4.5 节中的模拟并不完全相同，不过运行操作是相同的。

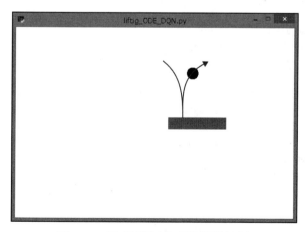

图 4.11　颠球问题（物理模拟器版本）

代码列表 4.16　颠球问题的 ODE 版本：myenv/env/lifting_ode.py

```
1   import logging
2   import math
3   import gym
4   from gym import spaces
5   from gym.utils import seeding
6   import numpy as np
7
8   import ode
9
10  logger = logging.getLogger(__name__)
11
12  world = ode.World()
13  world.setGravity( (0,-9.81,0) )
14
15  body1 = ode.Body(world)
16  M = ode.Mass()
17  M.setBox(250, 1, 0.2, 0.1)
18  M.mass = 1.0
19  body1.setMass(M)
20
21  body2 = ode.Body(world)
22  M = ode.Mass()
23  M.setSphere(25.0, 0.1)
24  M.mass = 0.01
25  body2.setMass(M)
26
27  j1 = ode.SliderJoint(world)
28  j1.attach(body1, ode.environment)
29  j1.setAxis( (1,0,0) )
30
31  space = ode.Space()
32  Racket_Geom = ode.GeomBox(space, (1, 0.2, 0.1))
33  Racket_Geom.setBody(body1)
34  Ball_Geom = ode.GeomSphere(space, radius=0.05)
35  Ball_Geom.setBody(body2)
36  contactgroup = ode.JointGroup()
37
38  Col = False
39
40  def Collision_Callback(args, geom1, geom2):
```

```
41     contacts = ode.collide(geom1, geom2)
42     world, contactgroup = args
43     for c in contacts:
44         c.setBounce(1) # 反弹系统
45         c.setMu(0)      # 库仑摩擦系数
46         j = ode.ContactJoint(world, contactgroup, c)
47         j.attach(geom1.getBody(), geom2.getBody())
48         global Col
49         Col=True
50
51 class PingPongTestODEEnv(gym.Env):
52     metadata = {
53         'render.modes': ['human', 'rgb_array'],
54         'video.frames_per_second' : 50
55     }
56     def __init__(self):
57         self.Col = False
58         self.gravity = 9.8
59         self.cartmass = 1.0
60         self.cartwidth = 0.5#2# 1#
61         self.carthdight = 0.25
62         self.cartposition = 0
63         self.ballPosition = 1#2.4
64         self.ballRadius = 0.1#2.4
65         self.ballVelocity = 1
66         self.force_mag = 10.0
67         self.tau = 0.01  # 状态更新之间的时间间隔（秒）
68
69         self.cx_threshold = 2.4
70         self.bx_threshold = 2.4
71         self.by_threshold = 2.4
72
73         high = np.array([
74             self.cx_threshold,
75             np.finfo(np.float32).max,
76             self.bx_threshold,
77             self.by_threshold,
78             np.finfo(np.float32).max
79             ])
80
81         self.action_space = spaces.Discrete(2)
82         self.observation_space = spaces.Box(-high, high)
```

```
83
84         self._seed()
85         self.viewer = None
86         self._reset()
87
88     def _seed(self, seed=None):
89         self.np_random, seed = seeding.np_random(seed)
90         return [seed]
91
92     def _step(self, action):
93         assert self.action_space.contains(action), '%r (%s) invalid' %(action,
   type(action))
94         force = self.force_mag if action==1 else -self.force_mag
95         reward = 0.0
96         space.collide((world, contactgroup), Collision_Callback)
97         body1.setForce( (force,0,0) )
98         world.step(self.tau)
99         contactgroup.empty()
100        bx,by,bz = body2.getPosition()
101        bu,bv,bw = body2.getLinearVel()
102        rx,ry,rz = body1.getPosition()
103        ru,rv,rw = body1.getLinearVel()
104        self.state = (rx,ru,bx,by,bu)
105        done =  by < -0.2
106        done = bool(done)
107
108        global Col
109        if Col:
110            Col = False
111            reward = 1.0
112
113        if bx > self.bx_threshold or bx < -self.bx_threshold:
114            body2.setLinearVel((-bu, bv, bw))
115
116        return np.array(self.state), reward, done, {}
117    def _reset(self):
118        body1.setPosition((0,0,0))
119        body1.setLinearVel((0,0,0))
120        body1.setForce((1,0,0))
121        body2.setPosition((0,self.ballPosition,0))
122        body2.setLinearVel((self.ballVelocity,0,0))
123        body2.setForce((0,0,0))
```

```
124          Col = False
125
126          rx,ry,rz = body1.getPosition()
127          ru,rv,rw = body1.getLinearVel()
128          bx,by,bz = body2.getPosition()
129          bu,bv,bw = body2.getLinearVel()
130          self.state = (rx,ru,bx,by,bu)
131          self.steps_beyond_done = None
132          self.by_dot = 0
133          return np.array(self.state)
134
135      def _render(self, mode='human', close=False):
136          if close:
137              if self.viewer is not None:
138                  self.viewer.close()
139                  self.viewer = None
140              return
141
142          screen_width = 600
143          screen_height = 400
144          world_width = self.cx_threshold*2
145          scale = screen_width/world_width
146          cartwidth = self.cartwidth*scale#50.0
147          cartheight = 30.0
148
149
150          if self.viewer is None:
151              from gym.envs.classic_control import rendering
152              self.viewer = rendering.Viewer(screen_width, screen_height)
153
154              l = 1/2*scale
155              h = 0.2/2*scale
156              ball1 = rendering.FilledPolygon([(-l,h), (l,h), (l,-h), (-l,-h)])
157              self.balltrans1 = rendering.Transform()
158              ball1.add_attr(self.balltrans1)
159              ball1.set_color(.5,.5,.5)
160              self.viewer.add_geom(ball1)
161
162              l = 1*scale
163              h = 0.1/2*scale
164              ball2 = rendering.make_circle(0.1*scale)
165              self.balltrans2 = rendering.Transform(translation=(0, 0))
```

```
166          ball2.add_attr(self.balltrans2)
167          ball2.set_color(0,0,0)
168          self.viewer.add_geom(ball2)
169
170       if self.state is None: return None
171
172       x1,y1,z1 = body1.getPosition()
173       x2,y2,z2 = body2.getPosition()
174       self.balltrans1.set_translation(x1*scale+screen_width/2.0,
    0*scale+screen_height/2.0)
175       self.balltrans2.set_translation(x2*scale+screen_width/2.0,
    y2*scale+screen_height/2.0)
176
177       return self.viewer.render(return_rgb_array = mode=='rgb_array')
```

随后我们将说明如何安装物理引擎。接下来，分为四个部分（设置、执行、显示、其他）来说明代码列表 4.16 中的 lifting_ode.py。

1. 设置

为了让每一部分都能进行引用，物理引擎的设置被定义为全局变量。

首先，在第 15 ～ 25 行中，制作一个球和一个球拍（直方体）。这类似于代码列表 4.10 中的物体设置。

由于球拍只能横向移动，因此首先要设置滑动接头。由此可以限制沿着滑动接头的一维运动（第 27 ～ 29 行），如图 4.12 所示。

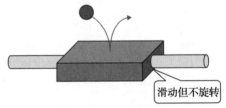

图 4.12　颠球问题连接图

这次需要模拟球与球拍的碰撞。此设置在第 31 ～ 36 行中进行，并由第 40 ～ 49 行的 Collision_Callback 函数进行检测。在 Collision_Callback 函数中，设置物体的反弹系数和摩擦系数。为了模拟完全弹性，因此设置反弹系数为 1（第 44 行）。

至此，物理模拟的设置完成了。

2. 执行

在 _step 方法内部进行更改。由于在 4.5 节中求解了运动方程，因此整个部分都需要进行更改。首先，在第 94 行确定运动方向上的作用力方向，这一步与 4.5 节相同。

要在物理模拟器中实现颠球问题，需要添加以下四行。

❑ 第 96 行：进行碰撞检测。这一步仅在模拟碰撞时需要。

❑ 第 97 行：设置施加到物体上的力。这一步在求解运动方程时以相同的方式设置力的大小。

❑ 第 98 行：按预先设置的时间间隔进行模拟。

❑ 第 99 行：进行碰撞检测后的处理。这一步仅在模拟碰撞时需要。

随后，在第 100 ～ 106 行中，设置深度强化学习所需的状态（self.state）和结束标志（done）。另外，在第 109 ～ 111 行给出奖励（reward）。请注意，在碰撞判定的 Collision_Callback 函数中令 Col 变量为 True，然后对其进行检测。

3. 显示

在 _render 方法内部进行更改。为了获取球和球拍的位置，要使用相应的函数。

4. 其他

_reset 函数中的初始化方法与之前的例子不同。在代码列表 4.6 中，我们将值直接赋予变量以对其进行初始化，但是在使用物理引擎时，要使用函数对其进行设置（第 118 ～ 123 行）。

此外，还设置了通过反弹球可以获得奖励的形式。这一步在代码列表 4.6 中的 _step 方法内完成。由于我们在程序中编写了碰撞时速度会反转的代码，因此只需要在该时刻给出奖励即可，并且这一步容易设置。另一方面，当使用物理引擎时，发生碰撞时的处理在回调函数中执行。因此，在回调函数中设置标志，并根据该标志设置奖励。具体来说，用 Col 变量作为标志。在进行碰撞判定的回调函数中，令 Col 变量为 True，如果 _step 方法中 Col 为 True，则设置奖励，然后再次返回 False，以便在发生碰撞时给出奖励。

4.9 物理引擎在倒立摆问题中的应用

本节目标 通过将物理引擎引入倒立摆问题中来学习如何使用物理引擎

使用的程序 cartpole_DQN_ODE.py

使用物理引擎制作如图 4.13 所示的倒立摆,计算它的运动并将其用于训练。下面是 4.3 节中用作实例的倒立摆文件。

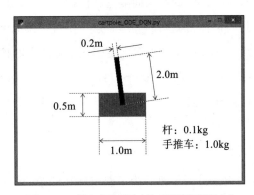

图 4.13 倒立摆问题(物理模拟器版本)

❑ Windows 环境中:

C:\Users\ [用户名] \Anaconda3\Lib\site-packages\gym\envs\classic_control\cartpole.py

❑ Linux 环境中:

/usr/local/lib/python2.7/dist-packages/gym/envs/classic_control/cartpole.py

❑ Mac 环境中:

/usr/local/lib/python2.7/site-packages/gym/envs/classic_control/cartpole.py

或者

/Library/Python/2.7/site-packages/gym/envs/classic_control/cartpole.py

这是安装 ChainerRL 时创建的文件。该文件中用于求解运动方程来进行模拟的部分已更改为使用物理引擎。我们创建具有以下目录结构的文件。

```
cartpole_DQN_ODE.py
myenv ─┬─ __init__.py
       └─ env ─┬─ __init__.py
               └─ cartpole_ode.py
```

令两个 __init__.py 与代码列表 4.17 和代码列表 4.18 中的相同。

代码列表 4.17　myenv/__init__.py

```
1   from gym.envs.registration import register
2
3   register(
4       id='CartPoleODE-v0',
5       entry_point='myenv.env:CartPoleODEEnv',
6   )
```

代码列表 4.18　myenv/env/__init__.py

```
1   from myenv.env.cartpole_ode import CartPoleODEEnv
```

cartpole_DQN_ODE.py 是将 cartpole_DQN.py 中的 ID 更改如下的程序。

```
1   env = gym.make('CartPoleODE-v0')
```

复制 gym 目录下的 cartpole.py，根据生成的副本进行更改产生的程序为 cartpole_ode.py。本书没有对 cartpole.py 进行说明，但我们认为只要你理解了颠球问题就不难掌握该程序。与 4.8 节相同，这里我们通过设置、执行、显示和其他的顺序说明 cartpole_ode.py。此外，手推车的大小、铰链的位置、杆的长度等如图 4.13 所示。

1. 设置

代码列表 4.19 为物体的设置。

手推车设置为 body1（第 4 ～ 10 行）。然后，与代码列表 4.16 一样，限制手推车仅使用滑动接头进行往复运动（第 19 ～ 21 行）。在第 12 ～ 17 行中，杆设置为body2。杆通过铰链副（只能旋转的运动副，即关节）限制在手推车（body1）上（第 23 ～ 26 行）。

代码列表 4.19   将 ODE 引入倒立摆问题（设置）：myenv/env/cartpole_ode.py 的一部分

```
 1    world = ode.World()
 2    world.setGravity((0,-9.81,0))
 3
 4    body1 = ode.Body(world)
 5    M = ode.Mass()
 6    M.setBox(250, 1, 0.5, 0.1)
 7    M.mass = 1.0
 8    body1.setMass(M)
 9    body1.setPosition((0,0,0))
10    body1.setForce((1,0,0))
11
12    body2 = ode.Body(world)
13    M = ode.Mass()
14    M.setBox(2.5, 0.2, 2, 0.2)
15    M.mass = 0.1
16    body2.setMass(M)
17    body2.setPosition((0,0.5,0))
18
19    j1 = ode.SliderJoint(world)
20    j1.attach(body1, ode.environment)
21    j1.setAxis( (1,0,0) )
22
23    j2 = ode.HingeJoint(world)
24    j2.attach(body1, body2)
25    j2.setAnchor( (0,0,0) )
26    j2.setAxis( (0,0,1) )
```

2. 执行

由于手推车仅向左或向右移动，因此其动作与 4.8 节中的球拍相同。训练所需要的是手推车的位置和速度以及杆的角度和角速度。如代码列表 4.20 所示创建训练所需要的参数。

另外，如果杆立于设定的角度范围内，则每一步都会获得奖励。这与示例程序中的 cartpole.py 相同。

代码列表 4.20　将 ODE 引入倒立摆问题（获取状态）：myenv/env/cartpole_ode.py 的一部分

```
1   x = body1.getPosition()[0]
2   v = body1.getLinearVel()[0]
3   a = math.asin(body2.getRotation()[1])
4   w = body2.getAngularVel()[2]
5
6   done =  x < -self.x_threshold \
7          or x > self.x_threshold \
8          or a < -self.theta_threshold_radians \
9          or a > self.theta_threshold_radians
10  done = bool(done)
11
12  reward = 0.0
13  if not done:
14      reward = 1.0
15
16  self.state = (x,v,a,w)
17
18  return np.array(self.state), reward, done, {}
```

3. 显示

手推车的显示与代码列表 4.16 中的显示相同。代码列表 4.21 中仅显示杆。倒立摆问题的关键在于令杆的旋转中心位于铰链副位置的点（第 4 行），该点与手推车一起运动（第 6 行）。

代码列表 4.21　将 ODE 引入倒立摆问题（杆的显示）：myenv/env/cartpole_ode.py 的一部分

```
1   l = 1*scale
2   h = 0.1/2*scale
3   ball2 = rendering.FilledPolygon([(0,h), (l,h), (l,-h), (0,-h)])
4   self.balltrans2 = rendering.Transform(translation=(0, 0))
5   ball2.add_attr(self.balltrans2)
6   ball2.add_attr(self.balltrans1)
7   ball2.set_color(0,0,0)
8   self.viewer.add_geom(ball2)
9
```

```
10  x1,y1,z1 = body1.getPosition()
11
12  self.balltrans2.set_rotation(math.asin(body2.getRotation()[1])+3.14/2)
```

4. 其他

_reset 函数中描述的初始化过程与代码列表 4.16 中的相同，但要注意的是，必须像代码列表 4.22 中那样初始化角度和角速度。

代码列表 4.22　将 ODE 引入倒立摆问题（重置）：myenv/env/cartpole_ode.py 的一部分

```
1  self.state = (0,0,0,0)
2  body1.setPosition((0,0,0))
3  body1.setLinearVel((0,0,0))
4  body1.setForce((1,0,0))
5  body2.setPosition((0,0.5,0))
6  body2.setLinearVel((0,0,0))
7  body2.setForce((0,0,0))
8  body2.setQuaternion((1,0,0,0))
9  body2.setAngularVel((1,0,0,0))
```

4.10　物理引擎在机械臂问题中的应用

本节目标　通过将物理引擎引入机械臂问题来学习如何使用物理引擎

使用的程序　RobotArm_DQN_ODE.py

通过移动机械臂将箱子移动到预定位置是之前没有解决过的问题（如图 4.9 所示），我们将通过强化学习来解决该问题。由于箱子与机械臂之间发生碰撞，所以求解运动方程是一个难题。因此，利用物理引擎进行模拟的方法更能发挥作用。为了简化该问题，请从正上方看图 4.9（如图 4.14 所示），简化后的问题如下：

❑ 机械臂仅考虑推动箱子的部分，而不考虑与其连接的臂。另外，也不考虑高度。这样就可以模拟杆在 4 个方向上的运动。

❑ 如果箱子中心到屏幕中心的距离小于一定值，则成功。箱子的中心位于图 4.14 的灰色圆范围内。

❑ 每次箱子的初始位置和角度都相同，并且机械臂的初始位置也相同。

❑ 初始位置如图 4.15 所示，以便机械臂压到中央区附近时为进入范围内。

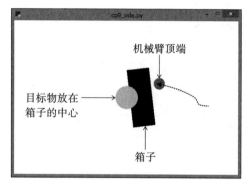

图 4.14　机械臂问题（物理模拟器版本）

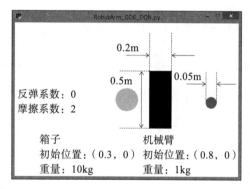

图 4.15　机械臂问题的初始位置（物理模拟器版本）

这么简化问题你可能会觉得没意思。但是，各位读者如果尝试这个程序，那么需要 30 分钟左右才能结束训练。那么为了在短时间内完成训练，该程序就需要进行这种简化。可以每次改变箱子的位置，或者严格设定目标条件（例如箱子与目标完全匹配），尽管这样做训练时间会变长。

箱子的大小和初始位置以及机械臂的初始位置如图 4.15 所示。

本节中的程序应具有以下目录结构。

```
RobotArm_DQN_ODE.py
myenv┬─__init__.py
     └─env┬─__init__.py
          └─robotarm_ode.py
```

令两个 __init__.py 与代码列表 4.23 和代码列表 4.24 中的相同。

代码列表 4.23 myenv/__init__.py

```
1  from gym.envs.registration import register
2
3  register(
4      id='RobotArmODE-v0',
5      entry_point='myenv.env:RobotArmODEEnv',
6  )
```

代码列表 4.24 myenv/env/__init__.py

```
1  from myenv.env.robotarm_ode import RobotArmODEEnv
```

RobotArm_DQN_ODE.py 是将代码列表 4.2 的 cartpole_DQN.py 中的第 27 行更改如下的程序（即，将名为 cartpole-v0 的 ID 改为 RobotArmODE-v0）。

```
1  env = gym.make('RobotArmODE-v0')
```

首先，显示模拟条件。

☐ 令箱子和机械臂在 xy 平面上移动。

☐ 由于箱子和机械臂不会沿垂直方向移动，因此设置了地面。

☐ 令机械臂在上、下、左、右 4 个方向上运动。

☐ 将用于训练的状态（其中包括 2 维的箱子位置和 2 维的机械臂位置）设置为 4 维。

将以下 3 点设置为结束模拟的条件。

- 当箱子或机械臂几乎在屏幕外时。
- 当箱子中心向屏幕中央移动时。
- 超过设定的时间时。

设置只有当箱子移动到屏幕中央时才可以获得奖励。

接下来我们将说明 robotarm_ode.py。这里只说明代码列表 4.16 中进行更改的重要部分。同样，这里也按照设置、执行、显示的顺序进行说明。

1. 设置

箱子和机械臂的设置如代码列表 4.25 所示。第 32 行中的地面设置是新的要点。

代码列表 4.25　将 ODE 引入机械臂问题（设置）：myenv / env / robotarm_ode.py 的一部分

```
1  def Collision_Callback(args, geom1, geom2):
2      contacts = ode.collide(geom1, geom2)
3      world, contactgroup = args
4      for c in contacts:
5          c.setBounce(0) # 反弹系数
6          c.setMu(2)     # 库仑摩擦系数
7          j = ode.ContactJoint(world, contactgroup, c)
8          j.attach(geom1.getBody(), geom2.getBody())
9          global Col
10         Col=True
11
12 world = ode.World()
13 world.setGravity( (0,0,-9.81) )
14
15 body1 = ode.Body(world)
16 M = ode.Mass()
17 M.setSphere(25.0, 0.05)
18 M.mass = 1.0
19 body1.setMass(M)
20
21 body2 = ode.Body(world)
22 M = ode.Mass()
23 M.setBox(25, 0.2, 0.5, 0.2)
24 M.mass = 1.0
```

```
25    body2.setMass(M)
26
27    space = ode.Space()
28    Arm_Geom = ode.GeomSphere(space, radius=0.05)
29    Arm_Geom.setBody(body1)
30    Ball_Geom = ode.GeomBox(space, (0.2,0.5,0.2))
31    Ball_Geom.setBody(body2)
32    Floor_Geom = ode.GeomPlane(space, (0, 0, 1), 0)
33    contactgroup = ode.JointGroup()
```

2. 执行

代码列表 4.26 为执行部分。首先，有 4 种类型的动作，因此请考虑每种动作对应的力。将该力设置为机械臂的力（第 3 ~ 14 行）并进行模拟（第 18 行）。

随后，在第 25 ~ 28 行检查是否满足结束条件。程序设置为只有当箱子的中心在指定范围内时才提供奖励。

代码列表 4.26 将 ODE 引入机械臂问题（物理模拟）：myenv/env/robotarm_ode.py 的一部分

```
1    def _step(self, action):
2        assert self.action_space.contains(action), '%r (%s) invalid' %(action,
    type(action))
3        if action==0:
4            fx = self.force_mag
5            fy = 0
6        elif action==1:
7            fx = 0
8            fy = self.force_mag
9        elif action==2:
10           fx = -self.force_mag
11           fy = 0
12       elif action==3:
13           fx = 0
14           fy = -self.force_mag
15
16       space.collide((world, contactgroup), Collision_Callback)
17       body1.setForce( (fx,fy,0) )
```

```
18        world.step(self.tau)
19        contactgroup.empty()
20        bx,by,bz = body2.getPosition()
21        rx,ry,rz = body1.getPosition()
22        self.state = (rx,ry,bx,by)
23        done = False
24
25        if bx > self.x_threshold or bx < -self.x_threshold \
26         or by > self.y_threshold or by < -self.y_threshold \
27         or rx > self.x_threshold or rx < -self.x_threshold \
28         or ry > self.y_threshold or ry < -self.y_threshold:
29            done = True
30        reward = 0.0
31        if bx*bx+by*by<0.01:
32            done = True
33            reward = 1.0
```

3. 显示

代码列表 4.27 使箱子和机械臂在屏幕上显示。由于箱子根据机械臂碰撞的位置转动，因此也要对箱子设置转动（第 46 ～ 49 行）。

代码列表 4.27　将 ODE 引入机械臂问题中（显示）：myenv/env/robotarm_ode.py 的一部分

```
1  def _render(self, mode='human', close=False):
2      if close:
3          if self.viewer is not None:
4              self.viewer.close()
5              self.viewer = None
6          return
7
8      screen_width = 600
9      screen_height = 400
10     world_width = self.x_threshold*2
11     scale = screen_width/world_width
12     cartwidth = self.cartwidth*scale#50.0
13     cartheight = 30.0
14
15
16     if self.viewer is None:
```

```
17          from gym.envs.classic_control import rendering
18          self.viewer = rendering.Viewer(screen_width, screen_height)
19
20          ball1 = rendering.make_circle(0.05*scale)
21          self.balltrans1 = rendering.Transform()
22          ball1.add_attr(self.balltrans1)
23          ball1.set_color(.5,.5,.5)
24          self.viewer.add_geom(ball1)
25
26          l = 0.2/2*scale
27          h = 0.5/2*scale
28          ball2 = rendering.FilledPolygon([(-l,h), (l,h), (l,-h), (-l,-h)])
29          self.balltrans2 = rendering.Transform(translation=(0, 0))
30          ball2.add_attr(self.balltrans2)
31          ball2.set_color(0,0,0)
32          self.viewer.add_geom(ball2)
33
34          ball3 = rendering.make_circle(0.1*scale)
35          self.balltrans3 = rendering.Transform(translation=(screen_width/2.0,
   screen_height/2.0))
36          ball3.add_attr(self.balltrans3)
37          ball3.set_color(.8,.8,.8)
38          self.viewer.add_geom(ball3)
39
40      if self.state is None: return None
41
42      x1,y1,z1 = body1.getPosition()
43      x2,y2,z2 = body2.getPosition()
44      self.balltrans1.set_translation(x1*scale+screen_width/2.0,
   y1*scale+screen_height/2.0)
45      self.balltrans2.set_translation(x2*scale+screen_width/2.0,
   y2*scale+screen_height/2.0)
46      if body2.getRotation()[1] < 0 :
47          self.balltrans2.set_rotation(math.acos(body2.getRotation()[0]))
48      else :
49          self.balltrans2.set_rotation(3.14 - math.acos(body2.getRotation()[0]))
50
51      return self.viewer.render(return_rgb_array = mode=='rgb_array')
```

4.11　使用其他深度强化学习方法

本节目标　使用其他深度强化学习方法

使用的程序　`cartpole_DDQN.py`、`cartpole_DQN_Pri.py`、`cartpole_DDQN_Pri.py`、`SpaceInvarders_DDPG.py`、`SpaceInvarders_A3C.py`

本书中，主要介绍了作为深度强化学习方法代表的深度 Q 网络（DQN），此外还介绍了许多其他训练方法（扩展方法）。在本章的最后，我们将介绍其中的一部分，并说明如何使用不同于 DQN 的训练方法。

4.11.1　深度强化学习的类型

这节将介绍 DDQN(Double DQN)、PER-DQN(Prioritized Experience Replay DQN，优先级经验回放 DQW)、DDPG（Deep Deterministic Policy Gradient，深度确定性策略梯度）、A3C（Asynchronous Advantage Actor-Critic，异步优势 Actor-Critic）这几种深度强化学习的方法。

❏ DDQN

在 DQN 中，用于选择行动的网络和用于评估行动的网络是相同的（Q 网络），但所选行动往往会有被高估的倾向（Q 值变大）。为了避免这种情况，DDQN 将使用之前训练的另一个 Q 网络来评估行动。DDQN 使得训练趋向于快速收敛。由于 ChainerRL 中也安装了 DDQN，因此可以通过更改智能体实例来使用它。（参考文献：Hado van Hasselt, Arthur Guez, and David Silver. "Deep Reinforcement Learning with Double Q-Learning," in Proc. AAAI 2016, pp.2094-2100, 2016.）

❏ PER-DQN

一般 DQN 中使用的经验回放会随机选择过去积累的行动经验，但这会导致训练效率低下，因为会多次选择对训练不太有用的经验。为了解决此问题，PER-DQN 在检索经验上按优先级排序，并将具有较高优先级的经验用于网络

的训练。TD（Temporal Difference，时间差分）误差用于优先级排序。TD 误
差是预期行动评估值与实际行动评估值之间的误差。ChainerRL 中也安装了
PER。另外，DDQN 和 DQN 中都可以使用具有优先级排序的经验回放。（参考
文献：Tom Schaul, John Quan, Ioannis Antonoglou, and David Silver. "Prioritized
Experience Replay," in Proc. ICLR 2016, 2016.）

❏ DDPG

在 DQN 和 DDQN 中，用于选择行动的网络和用于获得 Q 值的网络是相
同的，然而，近来把这些行动分离来训练的网络正成为主流。这是一种称为
Actor-Critic 的强化学习方法。DDPG 是 Actor-Critic 框架中 DQN 的扩展，是
用于独立训练网络（也称为策略网络，该网络在输入某个特定状态时预测行动）
和 Q 函数的方法。（参考文献：Timothy P. Lillicrap, Jonathan J. Hunt, Alexander
Pritzel,Nicolas Heess, Tom Erez, Yuval Tassa, David Silver, and Daan Wierstra.
"Continuous control with deep reinforcement learning," arXiv:1509.02971,2015.）

❏ A3C

这是一种相对较新的方法，取三种方法的英文首字母，称为 A3C。一般
认为它比 DQN 的训练速度更快，性能更好。当然，它在 ChainerRL 中也有安
装。首先，Asynchronous 是指准备多个智能体，并使用这些智能体获得的经
验（而不是使用经验回放）在线训练网络（时间序列）。因此，诸如长短期记忆
网络（Long Short-Term Memory，LSTM）之类的循环神经网络可以很好地发挥
作用。其次是 Advantage，DQN 评估了行动的前一步，但是使用这种方法，智
能体收敛需要花费一些时间才能采取到最佳行动。因此，A3C 会评估最多提前
k 步的行动（k 是可调整的）并更新网络。这样一来，就可以更快地训练更好的
网络。最后，Actor-Critic 是独立训练策略网络（在输入某个特定状态时预测行
动的网络），以及估计其状态价值的网络（称为价值函数或价值网络）的方法。
（参考文献：Volodymyr Mnih, Adrià Puigdomènech Badia, Mehdi Mirza, Alex
Graves,Timothy P. Lillicrap, Tim Harley, David Silver, and Koray Kavukcuoglu.
"Asynchronous Methods for Deep Reinforcement Learning," in Proc. ICML2016,

pp.1928-1937, 2016.）

4.11.2　将训练方法更改为 DDQN

本节介绍如何更改倒立摆问题的深度 Q 网络版本（cartpole_DQN.py），以便可以使用 DDQN 对其进行训练，DDQN 是深度强化学习的一种。

可以通过在 cartpole_DQN.py 中将 `chainerrl.agents.DQN` 改为 `chainerrl.agents.DoubleDQN` 来进行更改。请参考进行此更改的示例程序 cartpole_DDQN.py。

4.11.3　将训练方法更改为 PER-DQN

cartpole_DQN.py 使用了"一般的"经验回放。我们会介绍如何将其更改为"带有优先级"的经验回放。通过此更改，可以优先考虑被认为对训练有效的经验，而不是随机选择到目前为止已完成的经验。

此更改只需将 `chainerrl.replay_buffer.ReplayBuffer` 改为 `chainerrl.replay_buffer.PrioritizedReplayBuffer` 即可。请参考进行此更改的示例程序 cartpole_DQN_Pri.py。

此外，结合 DDQN 的示例程序是 cartpole_DDQN_Pri.py。与本书中说明的示例相比，此更改会得到更好的结果，因为其使用的方法更高级。

4.11.4　将训练方法更改为 DDPG

本节介绍如何更改 OpenAI Gym 中太空侵略者的深度 Q 网络版本 SpaceInvarders_DQN.py，以便可以使用 DDPG 对其进行训练，该方法是深度强化学习算法的一种。

由于 DDPG 是一种 Actor-Critic 模型，因此我们需要两个神经网络，即策略网络和价值网络。尽管这些网络具有基本相同的结构，但是在求 Q 值的价值网络中，Q 值不仅通过状态估算，而且还通过对该状态采取了某种行动的信息来估算。如代码列表 4.28 的第 17 行所示。使用 `F.concat` 将游戏画面卷积后得到的向量与行动相结合。在 DDPG 的每个网络的设置中，像 DQN 一样将每个网络实例化，然后使用 DDPGModel 函数将其转换为具有两个网络的对象，并为每个网络配置优化器的 setup。然后，就像使用 DQN 一样，只需创建一个智能体来进行训练。

代码列表 4.28   太空侵略者的 DDPG 训练：SpaceInvarders_DDPG.py 的一部分

```
 1   # DDPG 学习中的 Q 函数
 2   class QFunction(chainer.Chain):
 3       def __init__(self):
 4           super(QFunction, self).__init__()
 5           with self.init_scope():
 6               self.conv1 = L.Convolution2D(3, 16, (11,9), 1, 0)  # 第 1 个卷积层
     (16 个通道)
 7               self.conv2 = L.Convolution2D(16, 32, (11,9), 1, 0) # 第 2 个卷积层
     (32 个通道)
 8               self.conv3 = L.Convolution2D(32, 64, (10,9), 1, 0) # 第 3 个卷积层
     (64 个通道)
 9               self.l4 = L.Linear(14976, 1000) # 将状态转换为 1000 维
10               self.l5 = L.Linear(1000+6, 1)    # 1000 + 6（6 为状态维数）
11
12       def __call__(self, s, action):
13           h1 = F.max_pooling_2d(F.relu(self.conv1(s)), ksize=2, stride=2)
14           h2 = F.max_pooling_2d(F.relu(self.conv2(h1)), ksize=2, stride=2)
15           h3 = F.max_pooling_2d(F.relu(self.conv3(h2)), ksize=2, stride=2)
16           h4 = F.tanh(self.l4(h3)) # 控制在 -1 至 +1
17           h5 = F.concat((h4, action), axis=1) # 结合状态与行动
18           return self.l5(h5) # 通过状态和行动求得 Q 值
19
20   （省略）
21
22   # DDPG 的安装部分
23       q_func = QFunction() # Q 函数
24       policy = PolicyNetwork() # 策略网络
25       model = DDPGModel(q_func=q_func, policy=policy)
26       optimizer_p = chainer.optimizers.Adam(alpha=1e-4)
27       optimizer_q = chainer.optimizers.Adam(alpha=1e-3)
28       optimizer_p.setup(model['policy'])
29       optimizer_q.setup(model['q_function'])
```

4.11.5　将训练方法更改为 A3C

接下来，我们展示如何将太空侵略者更改为可以使用 A3C 来进行训练。在 A3C 方法中，不使用经验回放，而是使用智能体获得的经验来在线进行训练，因此在网络的定义中可以使用诸如 LSTM 之类的循环网络。

与 DDPG 一样，在 A3C 中，我们需要定义两个神经网络，即策略网络和价值网络。代码列表 4.29 显示了两个神经网络的定义。两个网络共享游戏画面的 CNN 处理，并且图像卷积处理的输出分支到两个网络中。当然，还可以将其定义为完全不同的其他网络。

A3C 中需要准备多个智能体来进行训练。由于此过程难以编程，ChainerRL 提供了用于同步训练的多个智能体训练器。本节的示例程序使用了一个训练器，如代码列表 4.29 的第 30 ～ 39 行所示。

代码列表 4.29　太空侵略者的 A3C 训练：SpaceInvarders_A3C.py 的一部分（更改卷积过滤器）

```
1   def __init__(self):
2       super(A3CLSTMSoftmax, self).__init__()
3       with self.init_scope():
4           self.conv1 = L.Convolution2D(3, 16, (11,9), 1, 0)  # 第 1 个卷积层
    （16 个通道）
5           self.conv2 = L.Convolution2D(16, 32, (11,9), 1, 0)  # 第 2 个卷积层
    （32 个通道）
6           self.conv3 = L.Convolution2D(32, 64, (10,9), 1, 0)  # 第 3 个卷积层
    （64 个通道）
7           self.l4p = L.LSTM(14976, 1024)  # 策略网络
8           self.l4v = L.LSTM(14976, 1024)  # 价值网络
9           self.l5p = L.Linear(1024, 1024)  # 策略网络
10          self.l5v = L.Linear(1024, 1024)  # 价值网络
11          self.pi = chainerrl.policies.SoftmaxPolicy(L.Linear(1024, 6))  # 策略
    网络
12          self.v = L.Linear(1024, 1)  # 价值网络
13
14  def pi_and_v(self, state):
15      state = np.asarray(state.transpose(0, 3, 1, 2), dtype=np.float32)
16      h1 = F.max_pooling_2d(F.relu(self.conv1(state)), ksize=2, stride=2)
```

```
17      h2 = F.max_pooling_2d(F.relu(self.conv2(h1)), ksize=2, stride=2)
18      h3 = F.max_pooling_2d(F.relu(self.conv3(h2)), ksize=2, stride=2) # 到这一
   步都是一样的
19      h4p = self.l4p(h3)
20      h4v = self.l4v(h3)
21      h5p = F.relu(self.l5p(h4p))
22      h5v = F.relu(self.l5p(h4v))
23      pout = self.pi(h5p) # 策略网络的输出
24      vout = self.v(h5v)  # 价值网络的输出
25      return pout, vout
26
27   （省略）
28
29  # 回合的试运行和强化学习的开始（使用训练器）
30  chainerrl.experiments.train_agent_async(
31          agent=agent,
32          outdir=outdir,
33          processes=n_process,
34          make_env=make_env,
35          profile=True,
36          steps=1000000,
37          eval_interval=None,
38          max_episode_len=num_episodes,
39          logger=gym.logger)
```

CHAPTER 5

第 5 章

实际环境中的应用

截至目前，我们学习的深度强化学习是一种可以应用于实体机器人的技术，如第 1 章中的图 1.3 所示。在本章中，我们将介绍一些简单的示例，包括将摄像机拍摄的影像作为输入数据，或操作伺服电动机等在实际环境中使用时所需要的技术。

5.1　使用摄像机观察环境（MNIST）

本节目标　导入摄像机图像

本节来介绍如何将第 2 章中的手写数字识别任务的输入更改为摄像机拍摄的图像，并实时识别手写数字。虽然这不是深度强化学习的示例，但它是将摄像机图像应用于深度学习模型的基本方法，因此我们将从这一点开始进行说明。

配置如图 5.1 所示。运行后，将显示如图 5.2 所示的画面。将要识别的数字放置到画面中央的黑框中，终端就会显示识别结果。图 5.2 中的数字 1～9 是笔者用马克笔写的数字。

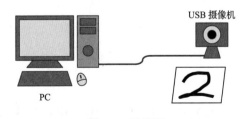

图 5.1　配置图

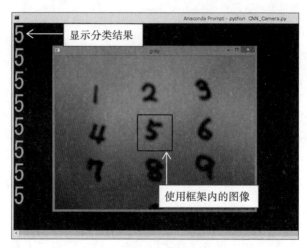

图 5.2   摄像机图像和分类结果

实际操作后，得到的识别率不是很高。那么，笔者就来介绍两种提高识别率的方法。

方法 1   使用印刷物上的数字

人们似乎有这样一个认知：印刷物上的字整齐又漂亮。即使不打印，也可以将用 MS-Word 写的数字放大显示在屏幕上，然后用摄像机拍摄即可。

方法 2   使用高分辨率图像进行训练

在已经说明的方法中，我们使用 8 × 8 图像来进行了训练。如果参考 5.1.3 节中介绍的方法并使用具有高分辨率的图像来进行训练，则识别率将会提高。

5.1.1   摄像机设置

使用的程序   camera_test.py

为了在 Python 上使用摄像机，使用以下命令安装 OpenCV 库。由于摄像机的使用依赖于操作环境，因此不一定要通过以下操作来进行安装。

❏ Windows 环境中：

```
$ conda install -c https://conda.binstar.org/jjhelmus opencv
```

❑ Linux、Mac、RasPi（Python 2 系列和 Python 3 系列）环境中：

```
$ sudo apt install python-opencv
```

或者

```
$ sudo pip install opencv-python      (Python2系)
$ sudo pip3 install opencv-python     (Python3系)
```

为了确认是否成功安装，运行如代码列表 5.1 所示的程序。

代码列表 5.1　基本的摄像机程序：camera_test.py

```
1   # coding:utf-8
2   import cv2
3
4   cap = cv2.VideoCapture(0)
5   while True:
6       ret, frame = cap.read()
7       gray = cv2.cvtColor(frame, cv2.COLOR_BGR2GRAY)
8       cv2.imshow('gray', gray)
9       if cv2.waitKey(10) == 115:
10          cv2.imwrite('camera.png', gray)
11      if cv2.waitKey(10) == 113:
12          break
13  cap.release()
```

用以下命令来执行该程序。执行后，将显示一个窗口，并且摄像机获得的图像将显示在屏幕上。按 S 键以文件名 camera.png 保存图像。

❑ Windows（Python 2 系列和 Python 3 系列）、Linux、Mac、RasPi（Python 2 系列）环境中：

```
$ python camera_test.py
```

❑ Linux、Mac、RasPi（Python 3 系列）环境中：

```
$ python3 camera_test.py
```

　　另外，如果在 Windows 的 VirtualBox 上安装了 Ubuntu（Linux），则可以
通过以下命令安装 OpenCV。

　　❑ Windows 的 VirtualBox 上安装了 Ubuntu 时：

```
$ sudo pip3 install opencv-python
```

　　这是图像输入的基础，因此我们将对该程序进行说明。

　　导入 cv2 库（OpenCV 库）以进行图像输入（第 2 行）。第 4 行是为了从摄
像机获取图像而做的准备。cv2.VideoCapture 的参数是摄像机标识符，例如，
如果连接了两个摄像机，则使用 0 或 1 作为参数。

　　随后，加载图像（第 6 行），将其转换为灰度（第 7 行），显示屏幕（第 8
行），并确认是否按下了 S 键（与 115 进行比较）（第 9 行）。如果按下 S 键，则
按下时显示的图像将会保存在文件中（第 10 行）。然后当按下 Q 键时，退出
while 循环（第 11 行和第 12 行），执行摄像机终止处理（第 13 行）。

5.1.2　通过卷积神经网络对摄像机图像进行分类

　[使用的程序]　MNIST_CNN_camera.py、MNIST_CNN.py

　　本节介绍使用摄像机拍摄的手写数字图像来判别数字的程序。这一步需
要在 2.6 节的 MNIST_CNN.py 的神经网络设置部分下面连接代码列表 5.2。
OpenCV 库的导入声明也可以放在程序开始时。

　　　代码列表 5.2　根据摄像机图像的数字判断：MNIST_CNN_camera.py 部分

```
1   model = L.Classifier(MyChain(), lossfun=F.softmax_cross_entropy)
2   chainer.serializers.load_npz('result/CNN.model', model)
3
4   import cv2
5   cap = cv2.VideoCapture(0)
6
7   while True:
8       ret, frame = cap.read()
9       gray = cv2.cvtColor(frame, cv2.COLOR_BGR2GRAY)
```

```
10
11      xp = int(frame.shape[1]/2)
12      yp = int(frame.shape[0]/2)
13      d = 40
14      cv2.rectangle(gray, (xp-d, yp-d), (xp+d, yp+d), color=0, thickness=2)
15      cv2.imshow('gray', gray)
16      if cv2.waitKey(10) == 113:
17          break
18      gray = cv2.resize(gray[yp-d:yp + d, xp-d:xp + d],(8, 8))
19      img = np.zeros((8,8), dtype=np.float32)
20      img[np.where(gray>64)]=1
21      img = 1-np.asarray(img,dtype=np.float32) # 反转处理
22      img = img[np.newaxis, np.newaxis, :, :]  # 转换为 4 维矩阵 (1×1×8×8,
   batch 大小 x 通道数 x 横轴大小 x 纵轴大小)
23      x = chainer.Variable(img)
24      y = model.predictor(x)
25      c = F.softmax(y).data.argmax()
26      print(c)
27
28  cap.release()
```

执行该程序首先需要执行第 2 章中的 MNIST_CNN.py 来创建训练模型（CNN.model），并使用该训练模型对输入图像进行分类。训练模型存储在 result 目录中。然后使用该模型对数字进行分类。目录结构如下。

```
MNIST_CNN_camera.py
MNIST_CNN.py
result
    └─CNN.model
```

在 result 目录下的 CNN.model 中，执行以下命令。

❑ Windows（Python 2 系列和 Python 3 系列）、Linux、Mac、RasPi（Python 2 系列）环境中：

```
$ python MNIST_CNN_camera.py
```

❑ Linux、Mac、RasPi（Python 3 系列）环境中：

```
$ python3 MNIST_CNN_camera.py
```

执行后的结果如图 5.2 所示。该区域中的黑框是识别区域，在其中输入数字后会被识别。

但为了简单起见，即使显示数字以外的内容，也能得到 0 ~ 9 中的一个答案。另外，由于训练图像的大小为 8×8，因此无法得到较高识别率。要提高识别率，请参考 5.1.3 节并使用高分辨率数据来重新训练并创建 CNN.model。

我们将说明代码列表 5.2 中所示程序的操作部分。代码列表 5.1 中描述了读取和显示图像的方法。这里我们重点介绍如何加载训练好的模型，以及如何将摄像机图像转换为输入图像，并使用该输入获得分类结果。

1. 加载模型

在第 1 行中，使用与训练时相同的网络创建模型。并且，MyChain 类中构建的网络必须与训练时的网络相同（与 MNIST_CNN.py 相同）。在第 2 行将训练后的模型加载到该模型中。

2. 转换为输入图像

用于学习的数字图像的大小为 8×8，因此输入图像也必须调整为 8×8。摄像机可以拍摄大小为 640×480 或更大的图像。如果屏幕上显示的是又大又粗的手写数字就比较好识别，但一般会使用如图 5.3a 所示的大小和粗细。在这种情况下，如果缩小整个图像，大部分数字会无法显示。

因此，需要进行将载入图像的中心部分裁剪出来的操作。但是，当想要尝试裁剪出 8×8 图像时，数字就会显示不出来。因此，如图 5.3b 所示，我们选择裁剪出如 80×80 这样的范围来进行缩小。

代码列表 5.2 的程序中，在第 11 行和第 12 行获得图像的中心坐标，并以它为中心，上下左右划分 40 个像素范围（第 14 行）。将裁剪后的图像缩小为 8×8 图像（第 18 行），并在第 20 行将图像二值化。这是因为用摄像机拍摄时，白色部分会变为灰色，得不到好的结果。

随后进行反转处理（第 21 行）。这是因为训练的图像本来就是第 2 章的图

2.9 中所示的反转图像。然后，在第 22 行中将其转换为输入数据格式。

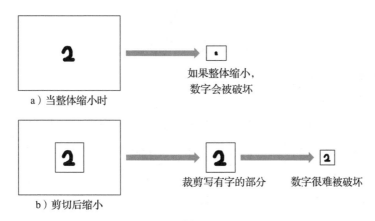

a）当整体缩小时

如果整体缩小，
数字会被破坏

b）剪切后缩小

裁剪写有字的部分　　数字很难被破坏

图 5.3　图像裁剪和缩小

3. 显示分类结果

使用第 24 行的预测函数对输入数据进行分类，并将结果代入第 25 行的
softmax 函数中，分类为 0 ~ 9 之间的数字。

5.1.3　使用图像大小为 28×28 的手写数字进行训练

[本节目标] 学习高分辨率图像

[使用的程序] MNIST_Large_CNN.py、MNIST_Large_CNN_camera.py

在本书前面的例子中，我们使用了 scikit-learn 库中的手写数字图像，但是
图像大小仅为 8×8，并且用于训练的图像数量很少（约 2000 个），因此识别率
不是很高。因此，我们将展示如何下载和使用大规模（约 70 000 个图像）的更
高分辨率（图像大小为 28×28）的手写数字数据（MNIST）。

通过将代码列表 2.7 所示的 MNIST_CNN.py 的第 18 ~ 21 行中写入训练
数据和测试数据的设置替换为下列所示的 1 行代码，以及更改输入图像的大小
并同时更改神经网络的结构，来学习 28×28 的手写数字图像。这样修改后的
程序在 MNIST_Large_CNN 目录的 MNIST_Large_CNN.py 中。不过，训练时

间会增加。

```
train, test = chainer.datasets.get_mnist(ndim=3)
```

这是将 28×28 像素数据以 2 维表示，它是具有 256 级灰度的图像。另外，如果 ndim=1，则数据将排列在一列中。

关于摄像机图像中的识别，代码列表 5.2 中写为 8 的所有部分都可以更改为 28，标记为 40 的部分可以改为 56（28×2）。这样重写的程序在 MNIST_Large_CNN 目录的 MNIST_Large_CNN_camera.py 中。从图 5.4 中可以看到执行该程序后识别率有所提高。

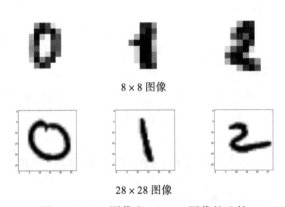

8×8 图像

28×28 图像

图 5.4　8×8 图像和 28×28 图像的比较

5.2　实际环境中的老鼠学习问题

这一次我们使用摄像机和微机来实际解决老鼠学习问题。这个问题非常简单，所以我们认为它适合作为实际操作的例子。

表 5.1 总结了创建实际运动对象所需的零件。所有零件都可以在秋月电子通商⊖公司获得。

⊖　http://akizukidenshi.com/。

表 5.1　零件列表[○]

零件名称	型号	所需最大数量	价格（日元）
Raspberry Pi	3 Model B	1	5200
Arduino	Uno Rev 3	1	2940
CdS 传感器	GL5516	3	100（4 个）
RC 伺服电动机	SG-90	2	400
电阻	1 kΩ	1	100（100 片）
可变电阻（半固定体积）	10 kΩ	3	50
AC 适配器（5V 2A）	GF12-US0520	1	650
实验电路板用 DC 插孔 DIP 转换套件	AE-DC-POWER-JACK-DIP	1	100
实验电路板		2	400
LED（红色）	OS5RPM5B61A-QR	1	150（10 片）

　　建议使用带旋钮的可变电阻并插在实验电路板上。LED 不发光时是透明的，发光时变成红色，非常容易识别。

问题设置

　　本节将进行问题设置。在后面的小节中，我们将使用此问题设置。

　　老鼠学习问题非常简单，但是如果要用实体机器替换，就会变成如图 5.5 所示的状态。虚线中的部分是自动售货机，其他部分是老鼠。下面将说明使用此配置进行哪种学习。本书以此为基础，对问题进行进一步简化处理。最后，对图 5.5 中的配置的操作进行说明。

　　在如图 5.5 所示的配置中，使用了 2 个微机，一个充当自动售货机（自动售货机微机），另一个则充当老鼠的角色（老鼠微机）。

　　自动售货机微机上装有电源按钮和产品按钮，可以使用老鼠微机上安装的 RC 伺服电动机来按下这些按钮（图 5.5 ①）。此外，自动售货机微机配备有电源指示灯 LED 来表示电源的 ON 和 OFF，并且通过老鼠微机的摄像机观察 LED 的状态（图 5.5 ②）。

　　[○]　表中价格为撰写本书时的价格（2018 年 4 月）。

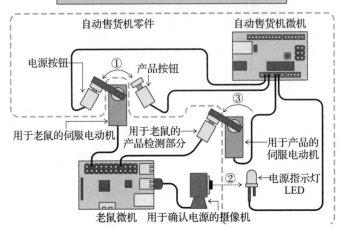

① 老鼠微机按下电源按钮和产品按钮
② 老鼠微机读取电源的 ON/OFF（LED）状态
③ 产品出来后，按下老鼠微机上的开关使其返回

自动售货机零件   自动售货机微机

电源按钮   ①   产品按钮

                                        ③

用于老鼠的伺服电动机   用于老鼠的   用于产品的
                        产品检测部分   伺服电动机

                                    ②   电源指示灯
                                          LED

老鼠微机   用于确认电源的摄像机

图 5.5   在实际的微机上重现老鼠学习问题的配置

自动售货机微机上还装有 RC 伺服电动机，以模拟产品出来时的状态。当产品出来时，按下老鼠微机上的开关，老鼠微机就知道它已经得到了奖励（图 5.5 ③）。

老鼠学习问题是一个简单的问题，但是正如该说明一样，解决该问题实际上是一项艰巨的任务。此外，如果正常进行图 5.5 所示的配置，则在用摄像机检查状态时，每隔几次就会失败一次，有时还不能顺利按下开关。即使擅长配置的笔者也遇到过这样的情况。而且，如果存在许多这样有问题的硬件，就不知道能不能训练了。

因此，在本书中，我们主要进行以下两种配置并以简化的方式说明该问题。

❑ 输入输出

❑ 摄像机输入

通过这样的方式，让尝试过本书中的电路的读者能够顺利进行训练。最后，我们对图 5.5 中所示的配置进行说明。

首先聚焦于输入和输出的配置。这里通过硬件仅实现老鼠的操作（输出）

和自动售货机按钮处理（输入）。

在图 5.5 所示的配置中，通过 RC 伺服电动机和开关来发送产品已经出来的信号，但是如果仅发送电子信号就简单多了。可以通过省去模拟产品出来的 RC 伺服电动机和开关来连接两者。

同理，LED 发光并用摄像机识别的部分可以以仅发送电信号处理，因此可以省去摄像机和 LED。此外，使用 1 个微机比使用 2 个微机更简单。在这种情况下，可以省去电路连接的部分。上述的简化配置如图 5.6 所示。

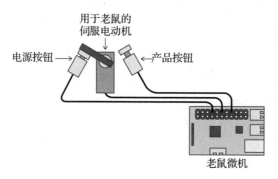

图 5.6　聚焦于操作和开关处理（输入输出）的配置

接下来，聚焦于摄像机输入时的配置。与聚焦于输入和输出时相同，可以如图 5.7 所示进行简化。这里所需的只是摄像机和电源 LED，通过按下微机内部的每个开关来继续训练。另外，由于难以准备，也省去了 RC 伺服电动机。

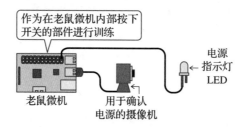

图 5.7　聚焦于用摄像机观察的配置

下面我们将依次说明实现图 5.6、图 5.7 和图 5.5 的配置。有 2 种类型的微机可以实现这一点，一种是 Raspberry Pi，另一种是 Arduino。两者各有优点，因此我们将在之后章节中对每一个进行说明。最后，同时使用 Raspberry Pi 和 Arduino 实现图 5.5 的配置。

5.3　使用 Raspberry Pi 处理老鼠学习问题

本节目标　使用 Raspberry Pi 来实际操作物体并训练

在本节中，我们首先展示如何使用 Raspberry Pi 微机来实现该操作。

Raspberry Pi（如图 5.8 所示）是运行 Linux 的小型微机，具有几个用于打开 LED 并获取开关状态的端口。由于在 Raspberry Pi 上运行 Linux，因此可以安装 Chainer 或 ChainerRL。此外，它还可以处理 USB 摄像机的输入。所以它是适合用于在深度强化学习中移动物体的微机。但由于其性能低于 PC，因此不能进行太难的训练。

图 5.8　Raspberry Pi 的外观

因此，通常的做法是在 PC 上进行学习并将训练后的模型复制到 Raspberry Pi 上使用。用训练后的模型进行识别并移动对象的小型微机称为 "边缘设备"。

在本节中有两个操作，一个是用 Raspberry Pi 启动伺服电动机，以开关信息为基础，打开和关闭 LED 来进行深度强化学习（见 5.3.2 节），另一个是用摄像机观察 LED 并获取状态来进行深度强化学习（见 5.3.3 节）。

5.3.1　环境构建

在 Raspberry Pi 上安装 Chainer 和 ChainerRL。如果使用 Noobs（版本 2.7.0），则可以使用以下命令进行安装。有关 Raspberry Pi 的设置部分，请参考附录 A.2。

```
$ sudo apt install python3-scipy
$ sudo pip3 install chainer==4.0.0
$ sudo pip3 install chainerrl==0.3.0
```

5.3.2　以输入输出为重点的简化

本节目标　用 Raspberry Pi 启动伺服电动机并读取开关状态来训练

使用的程序　sensor_test.py、servo_test.py、skinner_DQN_motor.py

首先，制作可以用 RC 伺服电动机按下开关的部分。这一步展示了如何在重复输入和输出的同时执行深度强化学习。

这里使用图 5.6 中所示的配置来实现。尽管在之前的说明中有专门的开关，但是用伺服电动机直接按下开关是一个相对困难的操作，因此我们使用亮度传感器（CdS）代替开关，如图 5.9 所示。该亮度传感器具有以下特性：在光线较亮时，电阻值约为 $1k\Omega$，在光线较暗时，电阻值下降至约 10Ω。接下来，在 RC 伺服电动机上贴上卡纸遮挡光线以发挥开关的作用。

该电路图如图 5.10 所示。通过串联连接亮度传感器和可变电阻来读取分压电压，并判断传感器是被遮挡（暗的）还是不被遮挡（亮的）。使用此配置创建的照片如图 5.11 所示。请注意，必须进行设置才能使用 Raspberry Pi 上的伺服电动机。请参考附录 A.2 进行设置。

这里有必要调整可变电阻器的值，以便在光线被遮挡时将其识别为 0。首先，执行程序（代码列表 5.3），该程序使用以下命令显示每 0.5 秒读取的值。

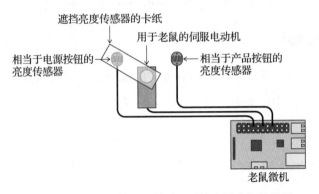

图 5.9　聚焦于操作和开关处理（输入输出）的配置

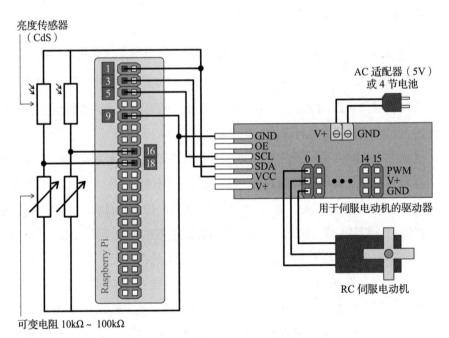

图 5.10　通过启动伺服电动机来接通开关的电路图

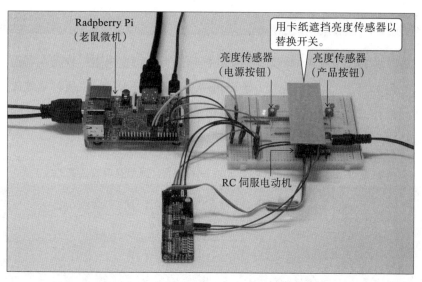

图 5.11　实验照片

代码列表 5.3　读取亮度传感器：sensor_test.py

```
1   # coding:utf-8
2   import time
3   import RPi.GPIO as GPIO
4   time.sleep(1)
5
6   GPIO.setmode(GPIO.BOARD)
7   GPIO.setup(13, GPIO.IN)
8   GPIO.setup(15, GPIO.IN)
9
10  while(1):
11      print(GPIO.input(13) + '\t' +GPIO.input(15))
12      time.sleep(0.5)
```

❑ RasPi（Python 2 系列）环境中：

```
$ python sensor_test.py
```

❑ RasPi（Python 3 系列）环境中：

```
$ python3 sensor_test.py
```

执行后的输出结果如终端输出 5.1 所示。调整可变电阻，使其在不遮挡光线时变为 1。随后，遮挡光线并旋转可变电阻将其调整为 0。通过重复遮光和不遮光操作来找到合适的值。因为有 2 个可变电阻，因此要同时对它们进行调整。

终端输出 5.1　sensor_test.py 的执行结果（显示亮度传感器的值）

```
0   1
0   1
0   1
0   1
0   0
0   0
0   0
（以下略）
```

接着调整 RC 伺服电动机的旋转角度。这一步要用到代码列表 5.4。另外，有关使用此程序的设置和说明，请参考附录 A.2.3。

代码列表 5.4　伺服电动机测试：serve_test.py

```
1   # -*- coding: utf-8 -*-
2   import Adafruit_PCA9685
3
4   pwm = Adafruit_PCA9685.PCA9685()
5   pwm.set_pwm_freq(60)
6   while True:
7       angle = input('[200-600]:')
8       pwm.set_pwm(0,0,int(angle))
```

使用以下命令执行。

❏ RasPi（Python 2 系列）环境中：

```
$ python servo_test.py
```

❏ RasPi（Python 3 系列）环境中：

```
$ python3 servo_test.py
```

执行后，将显示如终端输出 5.2 所示的 [200-600]:，因此需输入 200 ～ 600 之间的数字。

终端输出 5.2　servo_test.py 的执行结果

```
[200-600]:300      ← 输入 300 后按下 Enter 键
[200-600]:
```

输入值后，RC 伺服电动机将旋转。在将卡纸贴到伺服电动机上（RC 伺服电动机旋转部分的短杆）并旋转 RC 伺服电动机的同时，找到正确的旋转角度值。在代码列表 5.5 中，令伺服电动机旋转部分的值更改为搜索得到的值。如此一来设置便完成了。

接下来，我们将简要说明训练程序。使用此配置的训练程序是由对 skinner_DQN.py 的 step 函数修改而得的，如 4.2 节的代码列表 4.1 所示。这里的实际物体移动部分的时间图如图 5.12 所示。

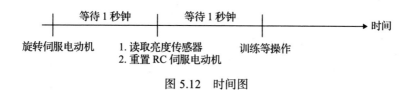

图 5.12　时间图

在此程序中，旋转 RC 伺服电动机并等待 1 秒钟。这是为等待 RC 伺服电动机完成旋转。接下来，读取亮度传感器的值。为了使 RC 伺服电动机返回初始角度，请在旋转后等待 1 秒钟直到完成旋转。完成旋转后将进行训练。

进行更改的部分如代码列表 5.5 和代码列表 5.6 所示。

为了使用伺服电动机，代码列表 5.5 必须在程序的开头进行设置。除了设置伺服电动机（第 3 行以及第 5 ～ 7 行）以外，还要设置 Raspberry Pi 的输入引脚（第 2 行以及第 11 ～ 13 行）。

代码列表 5.5　使用 Raspberry Pi 的聚焦于输入和输出的老鼠学习问题（设置伺服电动机）：skinner_DQN_motor.py 的一部分

```
1   import time
2   import RPi.GPIO as GPIO
3   import Adafruit_PCA9685
4
5   pwm = Adafruit_PCA9685.PCA9685()
6   pwm.set_pwm_freq(60)
7   pwm.set_pwm(0, 0, 375) # 将伺服电动机重置至初始位置
8   time.sleep(1)
9
10  # RasPi GPIO 的相关设置
11  GPIO.setmode(GPIO.BOARD)
12  GPIO.setup(13, GPIO.IN)
13  GPIO.setup(15, GPIO.IN)
```

接下来，代码列表 5.6 显示了实际启动伺服电动机的部分。这里要做的操作是：

❑ 旋转伺服电动机

❑ 读取开关

❑ 更改状态

❑ 再次旋转伺服电动机返回初始位置

例如，代码列表 5.6 的第 5 ～ 10 行显示了在电源 OFF（state= 0）时按下电源开关（action= 0）时的处理。在此程序中，375 是初始角度，而 150 和 600 是在每个方向上旋转时的角度。请使用上述提到的 servo_test.py 查找与 375、150、600 对应的合适值，重新编写程序，然后执行。

代码列表 5.6　使用 Raspberry Pi 的聚焦于输入和输出的老鼠学习问题（操作伺服电动机）：skinner_DQN_motor.py 的一部分

```
1   def step(state, action):
2       reward = 0
3       if state==0:
```

```
4              if action==0:
5                  self.pwm.set_pwm(self.channel, 0, 150)
6                  time.sleep(1)
7                  if GPIO.input(20)==1:# 如果输入了电源开关
8                      state = 1
9                  self.pwm.set_pwm(self.channel, 0, 375) # 将伺服电动机重置至初始位置
10                 time.sleep(1)
11             else:
12                 self.pwm.set_pwm(self.channel, 0, 600)
13                 time.sleep(1)
14                 state = 0
15                 self.pwm.set_pwm(self.channel, 0, 375) # 将伺服电动机重置至初始位置
16                 time.sleep(1)
17         else:
18             if action==0:
19                 self.pwm.set_pwm(self.channel, 0, 150)
20                 time.sleep(1)
21                 if GPIO.input(20)==1:# 如果输入了电源开关
22                     state = 0
23                 self.pwm.set_pwm(self.channel, 0, 375) # 将伺服电动机重置至初始位置
24                 time.sleep(1)
25             else:
26                 self.pwm.set_pwm(self.channel, 0, 600)
27                 time.sleep(1)
28                 if GPIO.output(22)==1:# 如果输出产品开关
29                     state = 1
30                 reward = 1
31                 self.pwm.set_pwm(self.channel, 0, 375) # 将伺服电动机重置至初始位置
32                 time.sleep(1)
33                 GPIO.output(18, 0) # 产品 LED OFF
34     return np.array([state]), reward
```

使用以下命令执行程序。执行后，伺服电动机将开始运行，输出结果如终端输出 5.3 所示。在大约 20 个回合后完成训练，老鼠将在 20 个回合后始终都能够获得食物。执行结果与之前的老鼠学习问题相同，但是当伺服电动机实际运行时，你可以通电动机的动作观察到它的训练过程。

❑ RasPi（Python 2 系列）环境中：

```
$ python skinner_DQN_motor.py
```

❑ RasPi（Python 3 系列）环境中：

```
$ python3 skinner_DQN_motor.py
```

终端输出 5.3   skinner_DQN_motor.py 的执行结果

```
(array([0]), 0, 0)
(array([1]), 0, 0)
(array([0]), 0, 0)
(array([1]), 1, 1)
(array([1]), 0, 0)
episode : 1 total reward 1
 （中略）
(array([0]), 0, 0)
(array([1]), 1, 1)
(array([1]), 1, 1)
(array([1]), 1, 1)
(array([1]), 1, 1)
episode : 20 total reward 4
```

5.3.3   使用摄像机测量环境

本节目标 在 Raspberry Pi 上处理摄像机输入的同时进行训练

使用的程序 camera_test.py、skinner_DQN_camera.py

通过摄像机获取信息，并使用卷积神经网络执行深度强化学习。理想的情

况是模拟一台实际的自动售货机，并使
用另一台微机来操作开关和 LED，如
图 5.5 所示。但这里我们将其简化为如
图 5.13 所示的配置。原理图如图 5.14
所示，只设置一个 LED。

在实际配置中，如果摄像机靠近

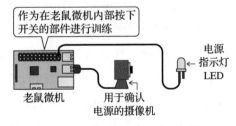

图 5.13   聚焦于使用摄像机观察的配置

LED，则训练会进行顺利，如图 5.15 所示。

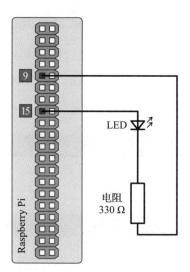

图 5.14　点亮 LED 的电路图

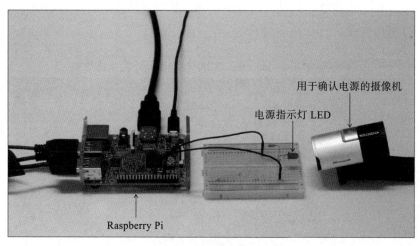

图 5.15　实验照片

对连接到 Raspberry Pi 的 USB 摄像机进行设置。安装 OpenCV 库以使用摄像机。

❏ RasPi（Python 2 系列和 Python 3 系列）环境中：

```
$ sudo apt install python-opencv
```

要检查是否已设置摄像机，请运行如代码列表 5.1 所示的 camera_test.py。
要执行使用摄像机观察环境的老鼠学习问题，请使用以下命令。

❏ RasPi（Python2 系列）环境中：

```
$ python skinner_DQN_camera.py
```

❏ RasPi（Python 3 系列）环境中：

```
$ python3 skinner_DQN_camera.py
```

执行结果如终端输出 5.4 所示。三个数字的顺序与之前的老鼠学习问题的
顺序相同，分别表示状态、行动和奖励。当回合数为 200 时，训练完成，老鼠
将始终能够获得食物。另外，当与本示例一样输入图像时，需要训练很多次，
训练才可以完成。

终端输出 5.4　skinner_DQN_camera.py 的执行结果

```
(0, 1, 0)
(array([0]), 0, 0)
(array([1]), 0, 0)
(array([0]), 0, 0)
(array([1]), 0, 0)
episode : 1 total reward 0
 (中略)
(0, 1, 0)
(array([0]), 0, 0)
(array([1]), 1, 1)
(array([1]), 1, 1)
(array([1]), 1, 1)
episode : 200 total reward 4
```

使用此配置的训练代码是由对 skinner_DQN.py 的 step 函数和行动获取

进行修改得到的，如 4.2 节中的代码列表 4.1 所示。更改的部分在代码列表
5.7 ～ 5.10 中显示。另外，LED 会高速切换，并且在获取图像后，摄像机图像
会从摄像机通过函数返回，因此不需要像 5.3.2 节中所述的那样等待 RC 伺服
电动机完成旋转。

　　首先，为了打开 LED 灯，代码列表 5.7 必须在程序开头记录作为 Raspberry
Pi 引脚的输入输出设置。

代码列表 5.7　　使用 Raspberry Pi 的聚焦于摄像机输入的老鼠学习问题（设置 LED）：skinner_DQN_camera.py 的一部分

```
1  import cv2
2  import time
3  import RPi.GPIO as GPIO
4
5  # RasPi GPIO 的相关设置
6  GPIO.setmode(GPIO.BOARD)
7  GPIO.setup(16, GPIO.OUT)
```

　　接下来，在代码列表 5.8 中重写神经网络部分以处理摄像机图像。对输入
图像分别交替进行 2 次卷积和池化，最后输出 2 个行动。这里我们将说明如何
求得第 7 行中的数字 400。

　　首先，输入图像大小为 32×32。用 5×5 的过滤器使其变为 28×28，然后
用 2×2 的最大池化过滤器使其变为 14×14 图像。然后通过再次使用相同的过
滤器进行处理，先得到 10×10 图像，再得到 5×5 图像。由于其中增加了 16
个过滤器，因此节点数量变为 400（5×5×16）。计算公式如下所示。

$$H_1 = \frac{32-5+1}{2} = 14$$
$$W_1 = \frac{32-5+1}{2} = 14$$
$$H_2 = \frac{14-5+1}{2} = 5$$
$$W_2 = \frac{14-5+1}{2} = 5$$

$$H_2 \times W_2 \times 16 = 5 \times 5 \times 16 = 400$$

代码列表 5.8　使用 Raspberry Pi 的聚焦于摄像机输入的老鼠学习问题（设置网络）：skinner_DQN_camera.py 的一部分

```
1   class QFunction(chainer.Chain):
2       def __init__(self):
3           super(QFunction, self).__init__()
4           with self.init_scope():
5               self.conv1 = L.Convolution2D(1, 8, 5, 1, 0)  # 第 1 个卷积层
    (8 个过滤器)
6               self.conv2 = L.Convolution2D(8, 16, 5, 1, 0)  # 第 2 个卷积层
    (16 个过滤器)
7               self.l3 = L.Linear(400, 2)  # 有 2 个行动
8
9       def __call__(self, x):
10          h1 = F.max_pooling_2d(F.relu(self.conv1(x)), ksize=2, stride=2)
11          h2 = F.max_pooling_2d(F.relu(self.conv2(h1)), ksize=2, stride=2)
12          return chainerrl.action_value.DiscreteActionValue(self.l3(h2))
```

到目前为止，状态用 1 或 0 表示，但是在使用摄像机输入的情况下，将利用摄像机原始图像。因此，在不知道状态是 1 还是 0 的情况下开始训练。

添加代码列表 5.9 中的函数以获取摄像机图像。从屏幕中心附近裁剪 300×300 像素，将其灰度化后调整为 32×32 像素。随后，调整格式以便用于深度学习的输入。

代码列表 5.9　使用 Raspberry Pi 的聚焦于摄像机输入的老鼠学习问题（摄像机输入）：skinner_DQN_camera.py 的一部分

```
1   # 从 USB 摄像机获取图像（用于 RasPi）
2   def capture(ndim=3):
3       cap = cv2.VideoCapture(0)
4       _, frame = cap.read()
5       cap.release()
6       cx = frame.shape[1] // 2   # 获取中心像素
7       cy = frame.shape[0] // 2
8       xoffset = 10
9       yoffset = -10
```

```
10      frame = frame[cy+yoffset-150:cy+yoffset+150, cx+xoffset-150:cx+xoffset+
        150] # 在中心附近裁剪出 300×300 像素
11      img = cv2.cvtColor(frame, cv2.COLOR_BGR2GRAY) # 灰度化
12      img = cv2.resize(img, (32, 32)) # 调整为 32×32
13      env = np.asarray(img, dtype=np.float32)
14      if ndim == 3:
15          return env[np.newaxis, :, :] # 2 维→3 维矩阵（用于 replay）
16      else:
17          return env[np.newaxis, np.newaxis, :, :] # 4 维矩阵（用于判断）
```

然后，将转换后的图像用作输入，更改 act_and_train 方法和 stop_
episode_and_train 方法的输入，如代码列表 5.10 所示。

**代码列表 5.10　使用 Raspberry Pi 的聚焦于摄像机输入的老鼠学习问题（训
练）：skinner_DQN_camera.py 的一部分**

```
1       action = agent.act_and_train(capture(ndim=3), reward) # 根据图像中
        获取的状态来选择行动
2   （中略）
3       agent.stop_episode_and_train(capture(ndim=3), reward, done)
```

5.4　使用 Arduino + PC 处理老鼠学习问题

本节目标　使用 Arduino + PC 实际操作物体并进行训练

让我们再次尝试实际操作老鼠学习问题。问题设置如 5.2.1 节所示。

Raspberry Pi 可以使用深度强化学习控制机器人，但是其中存在一个难以
执行高性能训练的问题。

因此，在本节中，我们将展示如何通过向微机发出命令来进行控制，例如
用 PC 来进行训练，并启动伺服电动机和打开 / 关闭 LED。这样一来，该系统
就可用于高级深度强化学习。

在下文中，我们将使用一款称为 Arduino 的微机（如图 5.16 所示）。Arduino
是一款非常容易使用的微机，只需插入 USB 即可编写程序，并且附带可以插
入跳线的端口。

图 5.16　Arduino 外观

　　例如，图 5.16 的配置如图 5.17 所示。另外，需要与图 5.9 一样使用亮度传感器代替开关。

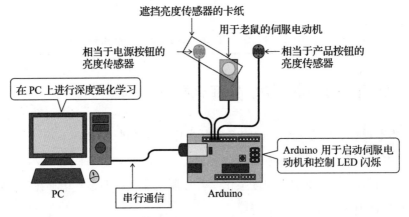

图 5.17　使用 Arduino 和 PC 的训练

5.4.1　环境构建

本节目标 Arduino 与 PC 之间的通信

使用的 sketch `Serial_Test`

Arduino 和 PC 通过串行通信交换信息。它们使用 pyserial 库在 Python 中进行串行通信。安装方法如下所示。

❑ Windows 环境中：

```
$ conda install -c anaconda pyserial==3.4
```

❑ Linux 和 RasPi 环境中：

```
$ sudo pip3 install pyserial==3.4
```

❑ Mac 环境中：

```
$ pip install pyserial==3.4
```

确认是否安装 pyserial。

首先，将代码列表 5.11 所示的 Arduino 的 sketch(程序) 编写到 Arduino 中。请参考附录 A.3 了解如何安装 Arduino 开发环境。执行此 sketch 后，每次通过串行通信接收到一些数据时，Arduino 板上的 LED 就会重复开灯和关灯状态。

代码列表 5.11　在接收到一些信号时切换 LED 的开灯和关灯状态（用于 Arduino）: Serial_Test

```
1  void setup() {
2    Serial.begin(9600);
3    while(!Serial){;} // Leonardo需要这一步
4    pinMode(LED_BUILTIN,OUTPUT);
5  }
6
7  void loop() {
8    static int led=0;
9    if(Serial.available()>0){
10     char a = Serial.read();
11     digitalWrite(LED_BUILTIN,led);
12     if(led==0)led=1;
13     else led=0;
14     Serial.print(led);
15   }
16 }
```

先对 sketch 进行说明。Arduino 的工作方式有点不一样，step 函数仅被调用一次，随后 loop 函数则被调用多次。

在 step 函数中，首先将通信速度设置为 9600 bps。然后将 BUILTIN 引脚设置为输出。另外，通过更改 LED_BUILTIN 引脚的输出，板上的橙色小 LED 会打开和关闭。这样一来就可以进行实验且无须创建电路。

接下来，通过 loop 函数检查 Serial.available 方法是否接收到某些数据。接收到数据之后，再通过 Serial.read 方法将其接收。随后，LED 会打开和关闭。对于这里使用的 led 变量，根据其之后的 if else 交替设置为 0 和 1。另外，led 变量通过 Serial.print 方法发送。

将程序写入 Arduino 之后，在命令行上运行串行通信。想要进入命令行模式，只需输入 python，如终端输出 5.5 中所示。对于 Linux 和 Mac 系统，请使用 python3。如果显示 >>>，则进入命令行模式。退出请按 Ctrl + D 组合键，或 Ctrl + Z 组合键，然后按 Enter 键。

首先，设置端口。

❑ Windows 环境中：设置端口名称。

❑ Linux 和 Mac 环境中：将端口名称设置为 "/dev/ttyACM0"。在 Linux 中，需要以下设置。

```
$ sudo usermod -a -G dialout 【用户名】
$ sudo chmod a+rw /dev/ttyACM0
```

端口号与将 sketch 写入 Arduino 时使用的端口号相同。可以使用 print 语句检查设置。随后，输入 ser.write (b"a") 发送字符 a。如果像这样发送某种字符，则 Arduino 将交替发送 0 和 1。然后使用 ser.read 函数读取 Arduino 发送的值。最后，通过 ser.close 函数终止程序。

请注意，只有使用 ser.close 函数终止该程序后，才能从开发环境中将该程序写入 Arduino。

终端输出 5.5　命令行模式下的串行通信测试

```
$ python    ← Linux, Macの場合はpython3
>>> import serial
>>> ser = serial.Serial('COM3')
>>> print(ser)
Serial<id=0x4342a51e48, open=False>(port='COM8', baudrate=9600, bytesize=8,
parity='N', stopbits=1, timeout=None, xonxoff=False, rtscts=False, dsrdtr=False)
>>> ser.write(b"a")
1
>>> print(ser.read())
b'1'
>>> ser.write(b"a")
1
>>> print(ser.read())
b'0'
>>> ser.close()
```

5.4.2　以输入输出为重点的简化

本节目标 使用 Arduino 启动 RC 伺服电动机以读取传感器状态，并通过
与 PC 的信息交互来训练

使用的程序 skinner_DQN_PC_motor.py

使用的 sketch Sensor_Test_Ar、Servo_Test_Ar、skinner_DQN_Ar_
motor、skinner_DQN_Ar_simple

这一步可以通过如图 5.17 所示的配置来实现。如图 5.18 所示，该电路图
中将 RC 伺服电动机、亮度传感器（CdS）和可变电阻连接到 Arduino 上。安装
亮度传感器而不安装开关的原因与在 5.3.2 节中 Raspberry Pi 上读取开关状态
困难的原因相同——直接通过 RC 伺服电动机按下开关时有很大可能会失败。
与使用 Raspberry Pi 时一样，RC 伺服电动机和亮度传感器的位置摆放如图 5.19
所示。

调节可变电阻，如 5.3.2 节所述。为了进行调节，请执行代码列表 5.12 中
所示的 sketch 并在串行监控器上检查值。调节方法与 5.3.2 节所述的方法相同。

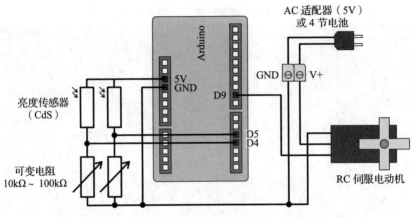

图 5.18 启动伺服电动机以接通开关的电路图

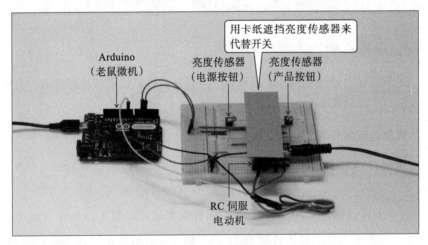

图 5.19 实验照片

代码列表 5.12 检查亮度传感器（用于 Arduino）：Sensor_Test_Ar

```
1  void setup() {
2    Serial.begin(9600);
3    while (!Serial) {
4      ;
5    }
6  }
7
```

```
8   void loop() {
9     Serial.print(digitalRead(4));
10    Serial.print("\t");
11    Serial.println(digitalRead(5));
12    delay(500);
13  }
```

接下来，调节 RC 伺服电动机。执行代码列表 5.13 所示的 sketch 时，RC 伺服电动机每 0.5 秒重复旋转固定的角度。调节该值，使亮度传感器正好处于可以被遮挡的角度，将其写入代码并重复测试。myservo.write 方法的参数表示 RC 伺服电动机的旋转角度。

代码列表 5.13　检查 RC 伺服电动机（用于 Arduino）：Servo_Test_Ar

```
1   #include <Servo.h>
2
3   Servo myservo;
4
5   void setup() {
6     Serial.begin(9600);
7     while (!Serial) {
8       ;
9     }
10    myservo.attach(9);
11    myservo.write(60);
12  }
13
14  void loop() {
15    myservo.write(60);
16    delay(500);
17    myservo.write(30);
18    delay(500);
19    myservo.write(90);
20    delay(500);
21  }
```

此处信息的交互如图 5.20 所示。首先，从 PC 向 Arduino 发送 a、b、c 中的任意一个数据。当行动为 0（按下电源按钮）时发送 a，行动为 1（按下产品按钮）时发送 b。另外，想重置状态（使电源为 OFF）时发送 c。

接下来，从 Arduino 向 PC 发送的数据是采取行动后的状态和奖励。这时按照状态和奖励的顺序发送 0 或 1。

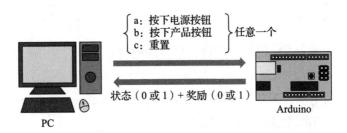

图 5.20　发送和接收数据

该过程的时间图如图 5.21 所示。PC 发送行动，然后等待 2 秒钟接收状态。当 Arduino 收到行动后，会旋转 RC 伺服电动机并在 1 秒钟后读取亮度传感器的值。这一延迟时间是在等待 RC 伺服电动机结束旋转。当 Arduino 读取亮度传感器的值后，更新状态并将其发送到 PC。随后，将 RC 伺服电动机恢复到初始角度后等待 1 秒钟，然后再次开始等待接收状态。

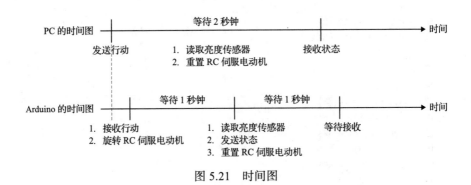

图 5.21　时间图

代码列表 5.14 显示了 Arduino 的 sketch。根据接收值启动伺服电动机并读取开关状态。然后改变表示 Arduino 内部状态的变量，发送状态和奖励。将该 sketch 写入 Arduino。

代码列表 5.14　使用 Arduino + PC 的聚焦于输入和输出的老鼠学习问题（用于 Arduino）: skinner_DQN_Ar_motor

```
1  #include <Servo.h>
2
3  Servo myservo;
4
5  void setup() {
6    Serial.begin(9600);
7    while (!Serial) {
8      ;
9    }
10   myservo.attach(9);
11   myservo.write(60);
12 }
13
14 void loop() {
15   static int state = 0;
16   if (Serial.available() > 0) {
17     int reward = 0;
18     char action = Serial.read();
19     if (action == 'a') {
20       myservo.write(0);
21       delay(1000);
22       int a = digitalRead(3);
23       if (a == LOW) {
24         if (state == 0) {
25           state = 1;
26         }
27         else {
28           state = 0;
29         }
30       }
31       Serial.print(state);
32       Serial.print(reward);
33       myservo.write(60);
34       delay(1000);
35     }
36     else if (action == 'b') {
37       myservo.write(120);
38       delay(1000);
39       int b = digitalRead(4);
```

```
40        if (b == LOW) {
41          if (state == 1) {
42            reward = 1;
43          }
44        }
45        Serial.print(state);
46        Serial.print(reward);
47        delay(1000);
48        myservo.write(60);
49      }
50      else if (action == 'c') {
51        state = 0;
52        delay(1000);
53      }
54    }
55  }
```

该配置中用于训练的程序是将 4.2 节中的代码列表 4.1skinner_DQN.py 的一部分改为如代码列表 5.15 所示的程序。

代码列表 5.15 使用 Arduino + PC 的聚焦于输入和输出的老鼠学习问题（用于 PC）：skinner_DQN_PC_motor.py 的一部分

```
1  # -*- coding: utf-8 -*-
2  import time
3  import serial
4
5  ser = serial.Serial('COM3')
6
7  （中略）
8
9  def step(state, action):
10     reward = 0
11     if action == 0:
12         ser.write(b"a")
13     else:
14         ser.write(b"b")
15
16     time.sleep(1.0)
17     state = int(ser.read());
```

```
18      reward = int(ser.read());
19      return np.array([state]), reward
20
21  (中略)
22
23      ser.write(b"c")
```

首先执行该程序。但是在执行之前，必须将代码列表 5.14 写入 Arduino，并使用 USB 电缆连接 PC 和 Arduino。另外，需要如终端输出 5.5 所示检查并更改代码列表 5.15 第 5 行中的串行端口号。当执行以下命令后，将重复伺服电动机的操作。此外，终端上显示如终端输出 5.6 所示。训练将在大约 20 个回合后完成，此后老鼠将始终能够获取食物。

❑ Windows（Python 2 系列和 Python 3 系列）、Linux、Mac（Python 2 系列）环境中：

```
$ python skinner_DQN_PC_motor.py
```

❑ Linux 和 Mac（Python 3 系列）环境中：

```
$ python3 skinner_DQN_PC_motor.py
```

终端输出 5.6　skinner_DQN_PC_motor.py 的执行结果

```
[0] 1 0
[0] 0 0
[1] 0 0
[0] 1 0
[0] 0 0
episode : 1 total reward 0
 (中略)
[0] 0 0
[1] 1 1
[1] 1 1
[1] 1 1
[1] 1 1
episode : 20 total reward 4
```

1. Python 程序说明

我们将对代码列表 5.15 中的 Python 程序进行说明。首先，导入库并设置串行通信（第 2 ～ 5 行）。这一步在库声明后直接添加。

然后，在 step 函数中，从深度强化学习模型中获得的行动为 0 时，向 Arduino 发送 "a"，而当行动为 1 时，向 Arduino 发送 "b"。发送后，将按状态和奖励的顺序从 Arduino 返回，因此将它们分别保存在表示状态的 state 变量和表示奖励的 reward 变量中。

在回合开始时，发送 "c"，与此同时初始化变量和 Arduino。

2. Arduino 的 sketch 说明

下面我们对 Arduino 的 sketch（代码列表 5.14）进行说明。代码列表 5.11 中说明了串行通信部分。这里我们重点说明如何使用接收到的数据。

首先，如果接收到 "a"（第 19 行的 if 语句），则相当于按下电源按钮，因此将 RC 伺服电动机向左旋转（第 20 行）。然后读取开关的状态（实际上是亮度传感器的值）（第 22 行），如果按下电源开关，则会让状态反转。虽然向左旋转一定会按下电源开关，但这是为了假定如图 5.17 所示的理想状态，以及为了练习旋转 RC 伺服电动机和读取开关而进行读取。随后，向 PC 发送状态和奖励（第 31 行和第 32 行），重置 RC 伺服电动机到初始角度（第 33 行）。

当接收到 "b" 时也执行相同的操作（第 36 ～ 49 行）。这时相当于按下产品按钮，因此将 RC 伺服电动机向右旋转。读取开关状态（实际上是亮度传感器的值），如果按下产品开关并且电源为 ON 状态，则将奖励设置为 1。然后向 PC 发送状态和奖励，重置 RC 伺服电动机到初始角度。

最后，如果接收到 "c"，则意味着重置状态，因此将状态重置为 0（电源为 OFF 状态）。此时，不会向 PC 发送状态和奖励（第 50 ～ 53 行）。

另外，作为简易版，代码列表 5.16 显示了不使用 RC 伺服电动机和开关的情况。这时可以通过仅连接 Arduino 进行实验。在此 sketch 中，电源的 ON/OFF 由在 Arduino 上的 LED 表示。可以将它用于测试 Arduino 和 PC 之间的通信。

代码列表 5.16　使用 Arduino + PC 的聚焦于输入和输出的老鼠学习问题（用于 Arduino）: skinner_DQN_Ar_simple

```
1   void setup() {
2     Serial.begin(9600);
3     while(!Serial){;}
4     pinMode(13,OUTPUT);
5
6   }
7
8   void loop() {
9     static int state=0;
10    if(Serial.available()>0){
11      int reward=0;
12      char action = Serial.read();
13      if(action=='a'){
14        if(state==0)state=1;
15        else state=0;
16        digitalWrite(LED_BUILTIN,state);
17      Serial.print(state);
18      Serial.print(reward);
19      }
20      else if(action=='b'){
21        if(state==1){
22          reward=1;
23        }
24      Serial.print(state);
25      Serial.print(reward);
26      }
27      else if(action=='c'){
28        state=0;
29        digitalWrite(LED_BUILTIN,state);
30      }
31    }
32  }
```

5.4.3　使用摄像机测量环境

本节目标　通过 Arduino 让 LED 发光，在 PC 上通过摄像机识别光线的同时进行训练

| 使用的程序 | skinner_DQN_PC_camera.py |

| 使用的 sketch | skinner_DQN_Ar_camera |

信息由摄像机获取，之后使用卷积神经网络执行深度强化学习。理想情况下，与使用 Raspberry Pi 进行的深度强化学习类似，模拟自动售货机，用其他微机操作开关和 LED（如图 5.5 所示），但为了简单起见，如图 5.22 所示进行处理。它与图 5.7 的区别在于 Raspberry Pi 的部分由 PC 和 Arduino 取代。

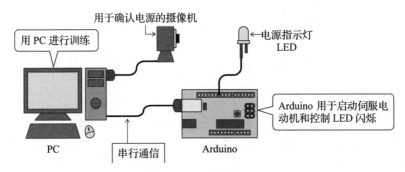

图 5.22　Arduino 和 PC 配置（摄像机输入）

实际情况如图 5.23 所示。

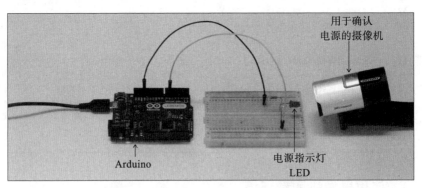

图 5.23　使用 Arduino 和 PC 的实验照片（摄像机输入）

电路图如图 5.24 所示，仅连接一个 LED。

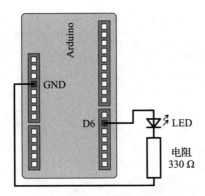

图 5.24　让 LED 发光的电路图

当执行以下命令时，表示电源 ON/OFF 的 LED 会反复打开和关闭。如终端输出 5.7 所示，当回合数为 200 时，完成训练，此后老鼠将始终能够获取食物。

到目前为止，将输入值设为 0 或 1，但是在此程序中，可以观察到摄像机图像的状态。因此，为了更容易理解摄像机图像的输入，按照该摄像机图像的输入、行动和奖励的顺序进行输出。另外，也可以在终端输出 5.4 中显示摄像机的输出。

❑ Windows（Pyhton 2 系列和 Python 3 系列）、Linux、Mac（Python 2 系列）
　环境中：

```
$ python skinner_DQN_PC_camera.py
```

❑ Linux 和 Mac（Python 3 系列）环境中：

```
$ python3 skinner_DQN_PC_camera.py
```

终端输出 5.7　skinner_DQN_PC_camera.py 的执行结果（仅为 200 个回合的记录）

```
[[[ 45.  29. 102. ... 255. 255. 255.]
 [ 34.  54. 185. ... 178. 255. 253.]
 [  5.  10.  46. ...  96. 173.  39.]
```

```
   ...
 [ 51.  62.  56. ...   4.   5.   0.]
 [205. 196. 192. ...   4.   3.   0.]
 [152. 147. 138. ...   0.   4.   1.]]] 0 0
[[[ 39.  24.  84. ... 255. 255. 255.]
 [ 37.  45. 168. ... 215. 255. 249.]
 [  0.  10.  30. ... 111. 201.  42.]
   ...
 [ 36.  40.  48. ...   5.   8.   3.]
 [187. 179. 172. ...  11.   8.   2.]
 [143. 132. 118. ...   5.   4.   3.]]] 1 1
[[[ 41.  23.  88. ... 255. 255. 255.]
 [ 30.  48. 166. ... 211. 254. 249.]
 [  2.  10.  34. ... 112. 196.  42.]
   ...
 [ 43.  42.  49. ...   6.   9.   2.]
 [187. 180. 171. ...  11.   9.   1.]
 [139. 129. 118. ...   3.   6.   3.]]] 1 1
[[[ 35.  23.  88. ... 255. 255. 255.]
 [ 29.  48. 164. ... 215. 255. 249.]
 [  5.  10.  32. ... 108. 198.  36.]
   ...
 [ 43.  44.  48. ...   6.   8.   2.]
 [187. 177. 173. ...  11.   7.   2.]
 [142. 128. 118. ...   4.   5.   3.]]] 1 1
[[[ 30.  22.  88. ... 255. 255. 255.]
 [ 27.  47. 167. ... 210. 255. 250.]
 [  3.   9.  26. ... 112. 198.  38.]
   ...
 [ 43.  45.  47. ...   7.   8.   2.]
 [188. 178. 172. ...   8.   9.   2.]
 [141. 129. 123. ...   4.   5.   2.]]] 1 1
episode : 200 total reward 4
```

通过重写 4.2 节中代码列表 4.1 的 skinner_DQN.py 的 step 函数（如代码列表 5.14 中的 step 函数所示），将网络设置重写为如代码列表 5.7 所示的代码，然后添加从摄像机上获取图像的函数（如代码列表 5.9 所示），来实现 skinner_DQN_PC_camera.py 程序。

Arduino 的 sketch 使用代码列表 5.15 中的输出端口，输出端口由 LED_BUILTIN 更改为 4。

5.5　使用 Raspberry Pi + Arduino 处理老鼠学习问题

本节目标 将自动售货机和老鼠完全分开，并通过操作和观察更改状态

使用的程序 skinner_DQN_RP_Full.py

使用的 sketch skinner_DQN_Ar_Full

最后，使用如图 5.5 所示的配置进行实验。在这里，自动售货机微机是 Arduino，老鼠微机是 Raspberry Pi。老鼠微机的电路图如图 5.25a 所示，自动售货机微机的电路图如图 5.25b 所示。

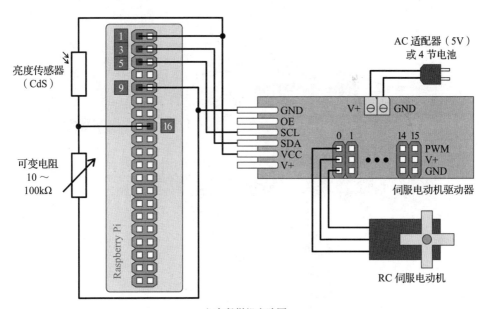

a）老鼠微机电路图

图 5.25　电路图

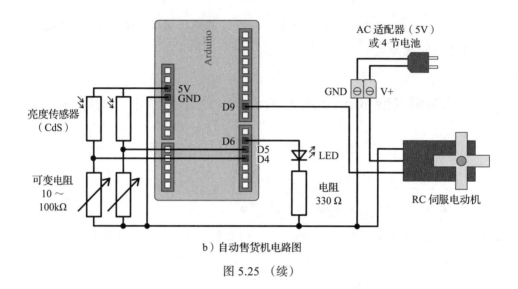

b）自动售货机电路图

图 5.25 （续）

实现电路图的照片如图 5.26 所示。

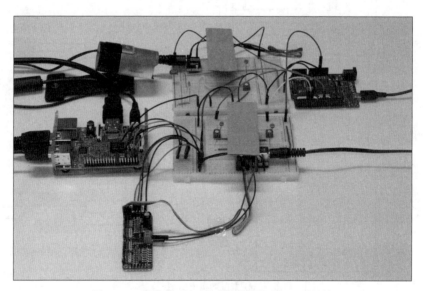

图 5.26 老鼠学习问题（完整版如图 5.5 所示）

老鼠微机执行以下两项操作。

- 用摄像机观察状态并确定行动，将伺服电动机向任一侧旋转并保持 1 秒钟。
- 检查奖励开关并确定奖励。
- 该程序如代码列表 5.17 所示，它是由对 5.5.3 节中说明的 skinner_ DQN_motor.py 进行修改而得到的。

代码列表 5.17　使用 Raspberry Pi 的老鼠学习问题（伺服电动机的设置和操作）：skinner_DQN_RP_full.py 的一部分

```
1   （前略）
2   import RPi.GPIO as GPIO
3
4   # RasPi GPI0 的相关设置
5   GPIO.setmode(GPIO.BOARD)
6   GPIO.setup(16, GPIO.OUT)
7   GPIO.setup(18, GPIO.OUT)
8   GPIO.setup(13, GPIO.IN)
9   （中略）
10  def step(state, action):
11      reward = 0
12      if action==0:
13          pwm.set_pwm(0, 0, 150)
14          time.sleep(1)
15          pwm.set_pwm(0, 0, 375) # 将伺机电动机重置至初始位置
16      else:
17          pwm.set_pwm(0, 0, 600)
18          time.sleep(1)
19          pwm.set_pwm(0, 0, 375) # 将伺机电动机重置至初始位置
20      if GPIO.output(13)==1:
21          reward = 1
22      return np.array([state]), reward
23  （後略）
```

自动售货机微机执行以下 2 项操作。

- 按下电源开关，改变电源状态，在电源 ON 时打开电源 LED。
- 在电源 ON 的状态下按下产品开关，旋转伺服电动机并保持 2 秒钟，然后重置到初始位置。

时间图如图 5.27 所示。PC 发送行动，随后等待 2 秒钟以接收状态。当 Arduino 接收到行动后，旋转 RC 伺服电动机并在 1 秒钟后读取亮度传感器的值。这 1 秒钟是等待 RC 伺服电动机完成旋转。

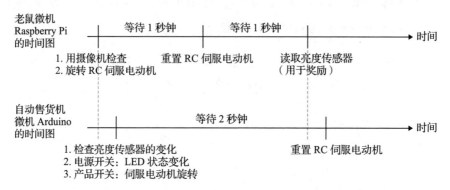

图 5.27　时间图

读取亮度传感器的值后，更新状态并将其发送到 PC。然后，将 RC 伺服电动机重置为初始角度后等待 1 秒钟，然后再次开始等待接收状态。代码列表 5.18 中显示了实现这一点的 Arduino 的 sketch。

代码列表 5.18　skinner_DQN_Ar_Full

```
1   #include <Servo.h>
2
3   Servo myservo;
4
5   void setup() {
6     Serial.begin(9600);
7     while(!Serial){;}
8     pinMode(4,INPUT);
9     pinMode(5,INPUT);
10    pinMode(6,OUTPUT);
11
12    myservo.attach(9);
13    myservo.write(60);
14  }
15
```

```
16  void loop() {
17    static int state=0;
18    if(digitalRead(4)==HIGH){
19        if(state==0)state=1;
20        else state=0;
21        digitalWrite(13,state);
22    }
23    if(digitalRead(5)==HIGH){
24        if(state==1){
25          myservo.write(120);
26          delay(2000);
27          myservo.write(60);
28        }
29    }
30  }
```

5.6　结语

至此，在实际环境中使用深度强化学习的说明全部结束。感谢你阅读到最后。

到目前为止，我们从深度学习（第 2 章）和强化学习（Q 学习）（第 3 章）开始说明，然后说明如何熟练运用结合了二者的深度强化学习（第 4 章），最后通过逐步递进的方式，对实际物体的运用进行说明（第 5 章）。我们希望本书可以帮助读者加强对深度强化学习的理解。另外，深度强化学习是一种可以很容易地应用于以机器人为代表的能实际移动的物体的机器学习方法，因此，以本书中给出的示例为参考，希望对你使用深度强化学习制作新产品有所帮助。

全世界都在研究深度学习和深度强化学习，并且正在以惊人的速度开发新的有效的方法。近来，这些新方法已经上传并发布在论文预印网站（https://arxiv.org）上，对于通过本书学习深度强化学习后加深了理解的读者来说，也能轻松接触到新的研究结果。今后，如果能让读者以从本书中学到的知识为契机，加深关于深度强化学习知识的理解，并对此更加感兴趣，会是作者最大的收获。

附　　录

A.1　VirtualBox 的安装

如果使用 Windows，则必须安装 VirtualBox 才能运行太空侵略者和吃豆人。因此，这里我们将会对使用 Windows 的用户，安装 VirtualBox 和 Ubuntu，并设置环境。截至 2021 年 6 月，Ubuntu 的最新版本为 20.04，但在本书中，我们使用 16.04 版本确认操作。

首先，访问以下网站并下载 VirtualBox。

https://www.virtualbox.org/wiki/Downloads

单击 Windows hosts 来下载安装程序。运行下载的安装程序后开始安装。安装好 VirtualBox 后，再安装 Ubuntu。首先，下载 Ubuntu(这里为 16.04 版本)系统镜像文件。请访问以下网站。

https://www.ubuntulinux.jp/News/ubuntu1604-ja-remix

在此页面上，单击"ubuntu-ja-16.04-desktop-amd64.iso（ISO 镜像）"以下载 iso 文件。下载完成后，启动 VirtualBox。

单击 VirtualBox 左上角⊖的"新建"图标，以"DQN"作为名称，类型选择"Linux"，版本选择"Ubuntu（64bit)"，然后选择"4096 MB"作为内存，单击"创建"。创建一个大小为 16 GB 的虚拟硬盘。另外，这里选择"DQN"作为名称，但也可以使用其他名称。在极少数情况下，如果内存和文件大小小于上述大小，则可能会无法使用。

选择创建后得到的图标（名为"DQN"），然后单击"启动"。出现"选择

⊖　图标的配置可能会因软件版本升级而异。

启动硬盘"对话框，选择之前下载的 Ubuntu iso 文件，然后单击"启动"。开始安装 Ubuntu。

安装完成后，将启动 Ubuntu。有时会出现"发现系统程序有问题"的对话框，但是在一般情况下不会有问题。在这里，预先进行以下 2 个设置则会使安装更方便。

A.1.1　复制和粘贴

必须进行设置才能将 Windows 上复制的内容粘贴到 VirtualBox 的 Ubuntu 上，反之亦然。

在启动 DQN 的情况下，从 VirtualBox 工具栏中选择"设备"→"插入 Guest Additions CD 镜像"。系统将提示"是否要自动执行？"，单击"执行"并输入密码。当终端上显示" Press Return to close this window..."时，按 Enter 键自动关闭终端。

随后，在工具栏上选择"设备"→"剪贴板共享"→"双向"。然后启动终端并执行以下命令。当显示"You may need..."时，重新启动。

```
$ cd /media/【ユーザ名】/VBox_GAs_5.2.16/
$ sudo ./VBoxLinuxAdditions.run
```

A.1.2　共享文件夹

共享文件夹可以使运行在 VirtualBox 中的 Ubuntu 访问 Windows 上的文件夹。首先，在 Windows 上创建文件夹。这里先在文档文件夹下创建一个 DQN 文件夹，再在其下创建一个 Ubuntu 文件夹，并将其设置为共享文件夹。

从 VirtualBox 的工具栏中选择"设备"→"共享文件夹"→"共享文件夹设置"。由于界面上显示了设置屏幕，因此单击右侧带有" +"的文件夹图标，然后选择文件夹路径中先前创建的 Ubuntu 文件夹。选择"自动安装"和"永久化"，然后单击"OK"。

启动终端，执行以下操作，然后重新启动。

```
$ sudo gpasswd -a 【ユーザ名】 vboxsf
```

Ubuntu 上的共享文件夹是“/media/sf_Ubuntu/DQN”。

A.2　Raspberry Pi 的设置

本节总结了使用 Raspberry Pi（以下简称 RasPi）时所需的设置和安装方法。

1）操作系统安装

2）将程序从 PC 传输到 RasPi

3）用于使用 RC 伺服电动机的设置

A.2.1　操作系统安装

首先，安装 OS。单击 RasPi 官方主页（https://www.raspberrypi.org/）首页顶部的“DOWNLOADS”，或访问以下地址。

https://www.raspberrypi.org/downloads/

可以选择 NOOBS 和 RASPBIAN，这里我们单击 NOOBS。然后会显示选择要下载的 NOOBS 文件。笔者选择了 NOOBS 下的 Download ZIP，版本是 2.4.5。

用右键单击下载的 zip 文件，然后选择“全部提取”以将其解压缩。然后，将 microSD 卡插入 PC 并将所有提取的文件复制到 SD 卡。复制完成后，从 PC 上卸下 SD 卡，将其插入 RasPi。

随后，将鼠标、键盘和显示器连接到 RasPi 后打开电源。这时会出现几个选项，这里我们选择 Raspbian。然后，按照指示进行操作，大约 30 分钟后完成安装。

A.2.2　程序的传输设置

接下来，设置程序的传输。如果进行此设置，则可以将 PC 上创建的程序传送到 RasPi，操作起来就会很轻松。以 Windows 环境作为假设进行说明。

Windows 中使用 WinSCP 进行传输。

1. RasPi 的工作

如果要使用 WinSCP，则必须在 RasPi 上运行 ssh 并准备接收文件传输。首先，执行以下命令。

```
$ sudo raspi-config
```

如图 A.1 所示，使用上下光标键来选择"5 Interface Options"，然后按 Enter 键。

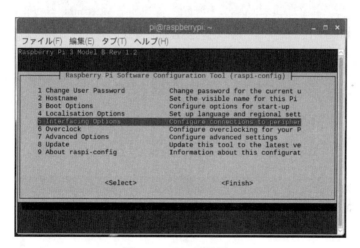

图 A.1　SSH 的设置 1

如图 A.2 所示，选择"P2 SSH"，然后按 Enter 键。

接下来，请将 LAN 电缆插入 RasPi 并连接到因特网。如果在终端上运行 ifconfig，则会显示以下内容。在显示结果的 eth0 中，用 inet 之后编写的 IP 与 WinSCP 进行连接。另外，这里的 IP 表示为 xxx.xxx.xxx.xxx。

```
$ ifconfig
eth0: flags=4163<UP,BROADCAST,RUNNING,MULTICAST>  mtu 1500
      inet xxx.xxx.xxx.xxx  netmask 255.255.255.0  broadcast xxx.xxx.xxx.255
(以下省略)
```

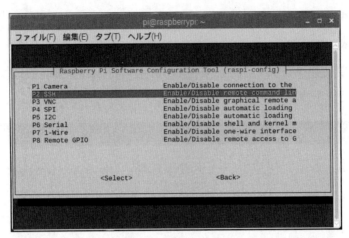

图 A.2　SSH 的设置 2

2. PC 的工作

在 PC 上，首先从以下 URL 下载 WinSCP 并安装。

https://winscp.net/eng/download.php

启动 WinSCP 时，会出现如图 A.3 所示的界面。

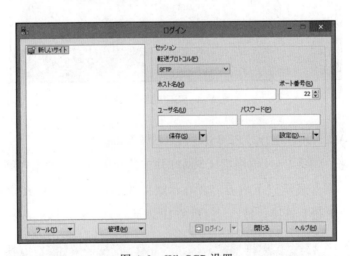

图 A.3　WinSCP 设置

在此屏幕上输入以下项目，然后单击"登录"以连接到 RasPi。

□ 主机名：使用 ifconfig 检查的 IP 地址
□ 用户名：pi
□ 密码：raspberry

连接到 RasPi 时，Windows 文件夹显示在左侧，RasPi 目录显示在右侧。可以通过拖放来移动文件。

A.2.3　RC 伺服电动机的设置

为了使用 RC 伺服电动机，要使用伺服电动机驱动器（PCA9685 16-Channel 12-bit PWM Servo Motor Driver）。使用该驱动器时可以通过 I²C 通信来驱动伺服电动机。

首先，启用 I²C 通信。执行以下命令后打开如图 A.1 所示的界面。

```
$ sudo raspi-config
```

用上下光标键选择"5 Interface Options"，然后按 Enter 键获得如图 A.4 所示的界面。在此界面上选择"P5 I²C"，然后按 Enter 键启动 I²C。

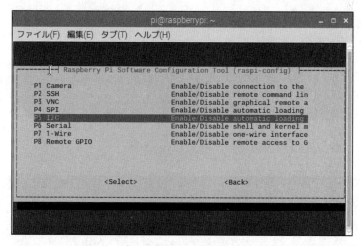

图 A.4　I²C 通信设置（用于伺服电动机）

接下来，执行以下命令。

```
$ sudo apt install python-smbus i2c-tools
$ sudo nano /etc/modules
```

通过执行第 2 行的命令打开编辑器，并添加以下 2 行。

```
i2c-dev
i2c-bcm2708
```

保存并退出后返回命令行模式。执行以下命令，然后重新启动 RasPi。

```
$ sudo reboot now
```

重新启动后，执行以下命令以检查安装是否正确。另外，如果没有显示大量排列好的"--"，请运行"sudo i2cdetect -y 1"而非"sudo i2cdetect -y 0"。

```
$ sudo i2cdetect -y 0
     0 1 2 3 4 5 6 7 8 9 a b c d e f
00:          -- -- -- -- -- -- -- -- -- -- --
10: -- -- -- -- -- -- -- -- -- -- -- -- -- -- -- --
20: -- -- -- -- -- -- -- -- -- -- -- -- -- -- -- --
30: -- -- -- -- -- -- -- -- -- -- -- -- -- -- -- --
40: 40 -- -- -- -- -- -- -- -- -- -- -- -- -- -- --
50: -- -- -- -- -- -- -- -- -- -- -- -- -- -- -- --
60: -- -- -- -- -- -- -- -- -- -- -- -- -- -- -- --
70: 70 -- -- -- -- -- -- --
```

最后，准备使用伺服驱动器。执行以下命令。

```
$ sudo apt install git build-essential python-dev
$ cd ~
$ git clone https://github.com/adafruit/Adafruit_Python_PCA9685.git
$ cd Adafruit_Python_PCA9685
$ sudo python setup.py install
```

设置完成后的电路图如图 A.5 所示，将 RC 伺服电动机和 RasPi 连接。

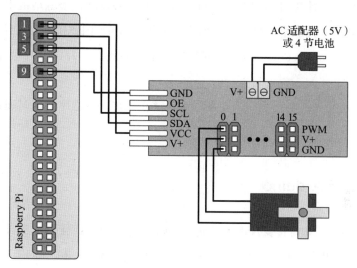

图 A.5　电路图

要测试 RC 伺服电动机，请使用代码列表 A.1 中所示的程序。系统将提示输入 200 ～ 600 之间的数字，当输入数字后，RC 伺服电动机将旋转。

代码列表 A.1　伺服电动机测试：serve_test.py

```
1  # -*- coding: utf-8 -*-
2  import Adafruit_PCA9685
3
4  pwm = Adafruit_PCA9685.PCA9685()
5  pwm.set_pwm_freq(60)
6  while True:
7      angle = input('[200-600]:')
8      pwm.set_pwm(0,0,int(angle))
```

```
$ python servo_test.py
[200-600]:300  ←输入数字并按下Enter键
```

代码列表 A.1 的程序中首先导入操作伺服电动机驱动器所需要的库。然后创建一个实例，并使用 `pwm.set_pwm_freq` 函数，以 Hz 为单位指定 PWM 周期。实际上启动伺服电动机的是 `pwm.set_pwm` 函数。将伺服电动机驱动器端口号（由于将 RC 伺服电动机连接到图 A.5 中的端口 0，因此指定为 0）、I^2C 编号（由于使用 `sudo i2cdetect -y 0` 时输出正常，因此指定为 0）和占空比作为参数执行程序。

对于角度与占空比之间的关系，请尝试在添加一些数字的同时通过实验去寻找。

A.3　安装 Arduino

我们将说明如何安装 Arduino，进行初始设置并运行示例程序。另外，Arduino 有多种型号，但笔者用于实验的 Arduino 是 Arduino Leonardo 和 Arduino Uno。

首先，安装开发环境。单击官方 Arduino 主页（https://www.arduino.cc/）首页顶部的"SOFTWARE"→"DOWNLOAD"，或访问以下网址。

https://www.arduino.cc/en/Main/Software

可以选择各种适用于 OS 的 IDE。请根据你使用的 OS 下载。本书中选择下载"Windows ZIP file for non admin install"。

选择要下载的版本，会出现是否捐赠的页面。如果不捐赠，则单击"JUST DOWNLOAD"并进行下载。随后只需解压缩下载的 zip 文件即可完成安装。

接下来，使用 USB 电缆连接 Arduino 和 PC。在解压缩的文件夹中执行"arduino.exe"时，将得到如图 A.6 所示的界面。

这里必须进行两项设置。

1）设置开发板：

单击"工具"→"开发板"，然后选择使用的 Arduino 类型。

2）设置端口：

单击"工具"→"端口"，然后选择 Arduino 连接的端口。大多数情况下，端口后方会写有 Arduino。

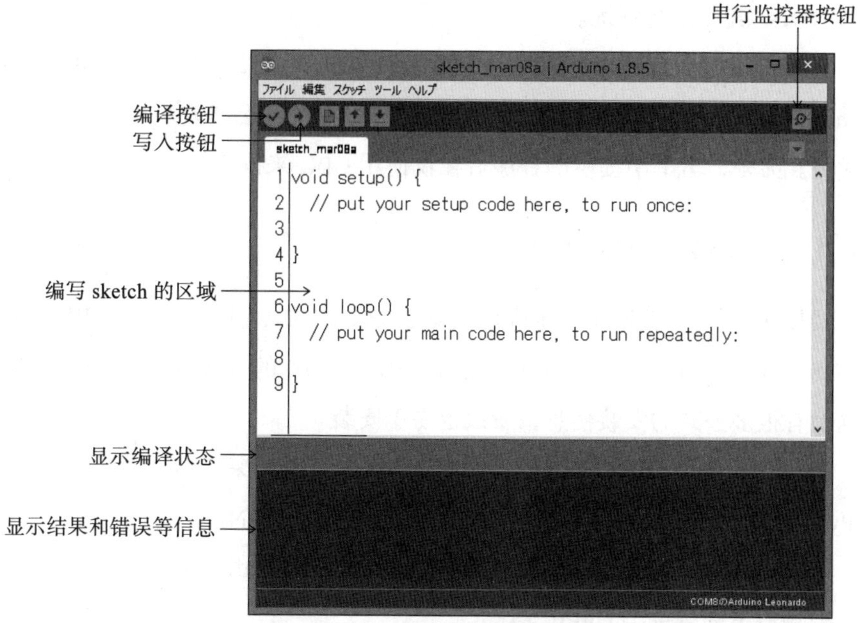

图 A.6　Arduino 开发环境界面

最后，执行一个示例代码 sketch（程序），该 sketch 会使 Arduino 上的 LED 闪烁，以确认设置已完成。请选择"文件"→"sketch 示例"→"01. Basic"→"Blink"。

当显示示例代码 sketch 时，单击图 A.6 中的●按钮然后写入 Arduino。当显示区域中显示消息"已完成对电路板的写入"时，则写入成功。Arduino 上的 LED 每秒闪烁一次。

A.4　GPU 的使用

在深度学习和深度强化学习中，仅使用 PC 的 CPU 时，训练过程通常会花费一些时间。但是，通过使用 NVIDIA 提供的 NVIDIA GPU 和 CUDA 库，可以减少很多训练时间。本书中提到的 Chainer 和 ChainerRL 这两个库也支持使用 NVIDIA GPU 进行训练。

在 Chainer 和 ChainerRL 中，使用了 CUDA 实现的矩阵库，该库有与 NumPy 兼容的 CuPy 接口。通过使用该接口，可以轻松体验使用了 GPU 的深度学习。另外，本书中提供的程序旨在仅使用 CPU 来执行。

A.4.1 在安装 CuPy 之前

要使用 GPU，必须在程序执行环境中安装 CUDA。CUDA 支持 Windows、macOS 和 Linux 环境。本书中我们没有介绍 CUDA 的详细安装方法，但是互联网上有很多公开的安装信息，所以也易于安装。

CUDA 安装完成后，再安装 cuDNN 库（NVIDIA 深度学习库），然后安装 CuPy。请参考 NVIDIA 官方文档以了解如何安装 cuDNN。

https://docs.nvidia.com/deeplearning/sdk/cudnn-install/index.html

使用以下命令安装 CuPy。

```
$ pip install cupy    (Python2系)
$ pip3 install cupy   (Python3系)
```

A.4.2 CuPy 的使用方法

本节中我们以 2.5 节的 MNIST 模型的训练为例，介绍 CuPy 的使用方法。在 MNIST_CNN.py 中，利用以下代码来使用 GPU。

```
model = L.Classifier(MyChain(), lossfun=F.softmax_cross_entropy)
chainer.backends.cuda.get_device_from_id(0).use() # 声明使用 GPU。使用 0 号 GPU
  （GPU 为一台时为 1）
model.to_gpu()   # 将模型复制到 GPU 内存
```

然后在 updater 的定义部分，使用以下代码来指定使用 0 号 GPU。

```
updater = training.StandardUpdater(train_iter, optimizer, device=0)
```

由于评估时必须使用 GPU，因此使用以下代码。

```
trainer.extend(extensions.Evaluator(test_iter, model, device=0))
```

最后，为了保存在 GPU 上训练后的模型，使用以下代码。

```
model.to_cpu() # 将模型返回到 CPU 上的内存
chainer.serializers.save_npz("result/CNN.model", model)
```

然后，将模型返回到 CPU 上的内存并保存。

使用 ChainerRL 的深度强化学习则要简单得多。在实例化 agent 的时候，如使用 DQN 时，可以如下所示，令 gpu = ... 来指定 GPU 编号即可使用 GPU。

```
agent = chainerrl.agents.DQN(
    q_func, optimizer, replay_buffer, gamma, explorer, gpu=0
    replay_start_size=500, update_interval=1, target_update_interval=100, phi=phi)
```

A.5　使用 Intel Math Kernel Library 安装 NumPy

在 macOS 上使用 Chainer 时，如果正在使用标准的 NumPy 库（用 pip 安装的），则会出现警告。该警告为，当在 NumPy 后端上执行矩阵运算的 BLAS 库为 "vecLib" 时，可能无法执行正确的运算。如果出现该警告，则必须使用另一个矩阵运算库来构建 NumPy。

本节我们将说明如何使用 Intel Math Kernel Library（MKL）。这是一个针对 Intel CPU 优化的数学库，包括用于矩阵运算的 BLAS。通过使用 MKL 构建的 NumPy，可以提高深度学习程序的执行速度。不过如果使用的是 GPU，则执行速度可能没有太大的改进。

在 Windows（Anaconda）上安装时，请从以下 URL 中下载 numpy-1.xx.x + mkl-cp37-cp37m-win_amd64.whl（用于 Python 3）。xx 部分表示版本。可以使用最新版本，但请选择 64 位的版本（amd64）。

https://www.lfd.uci.edu/~gohlke/pythonlibs/#numpy

下载后，可以使用以下命令进行安装。

```
$ pip install numpy-1.xx.x+mkl-cp37-cp37m-win_amd64.whl
```

对于使用 Linux 和 macOS 环境的用户，请下载 MKL 和 NumPy 的源代码并自行构建。基本下载步骤在 Intel 官方页面上有记述。

https://software.intel.com/zh-CN/articles/numpyscipy-with-intel-mkl

如果是 Linux 环境，请在以下 URL 的页面上输入名称、邮箱地址等进行注册。

https://software.intel.com/en-us/articles/free_mkl

同意各项条款后，进入下载页面，请在 Product 中选择 Linux ，然后选择 Intel MKL 进行下载。解压缩下载的文件（l_mkl_2018.x.xxx.tar.gz）并执行以下命令以将其安装在 / opt/intel/mkl/lib/intel64 中。

```
$ tar zxvf l_mkl_2018.x.xxx.tar.gz
$ cd l_mkl_2018.x.xxx
$ sudo ./install.sh
```

要下载 NumPy，首先从 https://github.com/numpy/numpy/releases 下载 numpy-1.xx.x.tar.gz，然后执行以下命令。

```
$ tar zxvf numpy-1.xx.x.tar.gz
$ cd numpy-1.xx.x
$ cp site.cfg.example site.cfg
```

使用编辑器打开 site.cfg，并将以下代码进行更改。

```
# [mkl]
# library_dirs = /opt/intel/compilers_and_libraries_2018/linux/mkl/lib/intel64
# include_dirs = /opt/intel/compilers_and_libraries_2018/linux/mkl/include
# mkl_libs = mkl_rt
# lapack_libs =
```

上述代码更改如下（也可以不更改）。

```
[mkl]
library_dirs = /opt/intel/mkl/lib/intel64
include_dirs = /opt/intel/mkl/include
mkl_libs = mkl_rt
lapack_libs =
```

然后执行以下命令。

```
$ sudo python3 setup.py install
```

现在，可以使用 MKL 安装 NumPy。如果已经安装了 NumPy，请将其卸载。可以通过以下命令确认 NumPy 是否为使用 MKL 构建的。

```
$ python3 -c'import numpy; numpy.show_config()'
```

推荐阅读

边做边学深度强化学习：PyTorch程序设计实践

作者：[日] 小川雄太郎　书号：978-7-111-65014-0　定价：69.00元

PyTorch是基于Python的张量和动态神经网络，作为近年来较为火爆的深度学习框架，它使用强大的GPU能力,提供极高的灵活性和速度。

本书面向普通大众，指导读者以PyTorch为工具，在Python中实践深度强化学习。读者只需要具备一些基本的编程经验和基本的线性代数知识即可读懂书中内容，通过实现具体程序来掌握深度强化学习的相关知识。

本书内容：

· 介绍监督学习、非监督学习和强化学习的基本知识。

· 通过走迷宫任务介绍三种不同的算法（策略梯度法、Sarsa和Q学习）。

· 使用Anaconda设置本地PC，在倒立摆任务中实现强化学习。

· 使用PyTorch实现MNIST手写数字分类任务。

· 实现深度强化学习的最基本算法DQN。

· 解释继DQN之后提出的新的深度强化学习技术（DDQN、Dueling Network、优先经验回放和A2C等）。

· 使用GPU与AWS构建深度学习环境，采用A2C再现消砖块游戏。